U0177651

当代科学思潮系列

**Altered Inheritance**

*CRISPR and the Ethics of Human Genome Editing*

# 改变遗传

## CRISPR 与人类基因组编辑的伦理

[加] 弗朗索瓦丝·贝利斯　著
陈　如　译

上海科技教育出版社

Philosopher's Stone Series

# 哲人石丛书

立足当代科学前沿

彰显当代科技名家

绍介当代科学思潮

激扬科技创新精神

**策　划**

哲人石科学人文出版中心

## 对本书的评价

◇

《改变遗传》呼吁大家采取行动。它的观点公正而平衡，行文引人入胜，让我们深入了解当今至为重要的技术和社会面临的挑战，以及对后代的伦理影响。

——乔治·丘奇(George Church)，
《再创世纪》(*Regenesis*)合著者

◇

《改变遗传》认为，基因组编辑技术的使用应当有公众的大力投入。这本书非常及时，它来自基因组编辑辩论中一个富有影响力的声音，阐述了一个使人深感兴趣，同时非常重要的话题。

——约瑟芬·约翰斯顿(Josephine Johnston)，
黑斯廷中心研究部主任

◇

《改变遗传》富有教益，思想丰富，使读者对基因组编辑带来的种种伦理困惑有了清晰、全新的理解。弗朗索瓦丝·贝利斯要求我们放慢脚步，重新发掘我们的集体道德力量，而非被科技的势头压倒。

——彼得·米尔斯(Peter Mills)，
纳菲尔德生命伦理委员会副秘书长

◇

《改变遗传》精辟而有见地，它用扳手打开了实验室大门，科学和技术在门后努力地为社会、为人类，以及为最容易灭绝的族群开辟新的道路。

——唐娜·沃尔顿(Donna R. Walton)，
女王残疾人项目创始人兼总裁

◇

贝利斯是一位无畏的哲学家,她的勇气与才华相匹配。在这本充满智慧、表达明晰的书里,她提出了正确的问题:我们想生活在一个怎样的世界,基因组编辑引领我们到达彼岸的可能性有多大?

——卡尔·埃利奥特(Carl Elliott),

《白大衣、黑帽子——在医学的黑暗面上冒险》(*White Coat, Black Hat: Adventures on the Dark Side of Medicine*)作者

◇

2020年获得诺贝尔奖的CRISPR基因组编辑技术,不是人类发现的第一种基因组编辑技术,只是比之前的更精准更高效。这个技术的潜力之大,可以覆盖从医疗卫生到生物安全的一系列应用,势必引起宗教、社会、伦理、道德、法律的一系列问题并产生深远影响。然技术本身无罪,其究竟是“潘多拉魔盒”还是“马良之神笔”,全在乎用者之心,铭记人性之本使其“行善造福”当是我辈选择的方向。

——尹烨,

华大基因CEO

## 内容提要

曾经只出现在科幻小说里的“设计婴儿”，如今已成为现实。随着一种名为CRISPR、允许科学家修饰我们的基因的技术出现，我们正进入人类进化的新纪元。2020年，诺贝尔化学奖被授予基因组编辑领域的两位先驱詹妮弗·杜德纳和埃曼努埃尔·沙彭蒂耶，体现了基因组编辑的重要意义。CRISPR在治疗方面显现巨大前景，但由于它能为后代带来永久性的改变，所以引起了棘手的伦理、法律、政治和社会问题。如果原本为了益处而作出的改变，最终会产生无法预见的负面影响呢？如果富人和穷人之间的鸿沟因此扩大了呢？谁来决定我们应该或不该对人类进行基因修饰？倘若进行，又该如何进行？

弗朗索瓦丝·贝利斯坚持，我们“人类”这一物种的未来必须由全体人类成员共同决定。开发和使用基因组编辑工具的科学家不应当是唯一决定这项技术未来用途的人。这些决定必须是广泛社会共识的结果。贝利斯认为，评估并指导生物医学技术的发展和实施符合我们的集体利益。决策者中必须有利益不同和观点不同的公众，唯有如此，我们才能确保考虑到各种社会关注点，作出负责任的决定。当我们共同创造未来，我们必须充分知情，充分理解，批判地思考议题，并发表意见。

《改变遗传》观点犀利，振奋人心，恰合时宜，发人深省。这是一本人人必读之书。人类的未来掌握在我们所有人手里。

## 作者简介

弗朗索瓦丝·贝利斯(Françoise Baylis)是达尔豪西大学的大学研究教授,加拿大皇家学会会员,加拿大卫生科学院院士,获颁加拿大勋章、新斯科舍勋章。她是2015年国际人类基因编辑峰会的主要参与者,也是世界卫生组织制定人类基因组编辑治理监督全球标准专家咨询委员会的成员。

致我的父母

理查德·贝利斯(Richard Baylis)与

格洛丽亚·贝利斯(Gloria Baylis),

他们教会我勇敢和正直。

神奇啊!

这里有多少好看的人!

人类是多么美丽!啊,新奇的世界,

有这么出色的人物!

——威廉·莎士比亚(William Shakespeare),

《暴风雨》(*The Tempest*),朱生豪译

多年过去,曾经不可思议的事情已经近在眼前。

时至今日,我们感觉即将能够改变人类的遗传。

此时此刻,我们必须面对以下问题:

作为一个社会整体,我们应当如何行使这种能力?

——戴维·巴尔的摩(David Baltimore),

1975年诺贝尔生理学医学奖得主

CONTENTS 目录

# 目　录

引言

# 思考

我在蒙特利尔机场等着转机到多伦多,准备参加一场CRISPR基因组编辑研讨会。研讨会主办方为艺术科学沙龙(ArtSci Salon),由葡萄牙生物艺术家德梅内塞斯(Marta De Menezes)主持,其发人深省的视觉艺术促使观众发出疑问"什么是自然?"并作出回答。德梅内塞斯最为闻名的,也许是为了艺术效果改变活蝴蝶翅膀上的眼点图案。

我与朋友就即将举行的研讨会聊得兴起,没留意一个年轻人坐在我们对面,听着我们对话,直到他打断我们,问起我的职业。我解释,我是大学教授,研究与人类生殖和遗传相关的伦理议题。接着,我问他为什么对我们的讨论感兴趣。他告诉我,他听了乔·罗根(Joe Rogan)的播客,其中一集谈到了CRISPR基因组编辑。他认为CRISPR是人类的救赎。我大吃一惊。以我的经验,鲜有普通人听说过CRISPR——"规律成簇间隔短回文重复序列"(Clustered Regularly Interspaced Short Palindromic Repeats)的首字母缩写。而且,我向家人、朋友和同事解释CRISPR基因组编辑的科学原理和伦理问题后,大多数人都对基因"设计婴儿"表示担忧。

这位年轻人自我介绍叫作贾斯廷(Justin)。我告诉他,我从未听说过乔·罗根。贾斯廷对此相当惊讶,他表示,我真应该听听《乔·罗根的经历》(*The Joe Rogan Experience*),肯定能获益良多。贾斯廷表达他对人类增强* 的兴趣,他希望有朝一日,经过规律成簇间隔短回文重复序列改造的人类能永生不灭。"为什么呢?"我问。他回答:"谁不希望永生?要是能永生,为何还要死?说不定彼岸什么都没有,我们也就没有理由过去了。何必冒这样的险呢?"贾斯廷坚信,如果科学家能够利用遗传学防止通常与衰老相伴的身体衰弱和精神恶化,那永生实在是"太棒了"。

• • •

在我们交谈后的几天里,我常回想起贾斯廷对人类增强的兴趣,更具体地说,是他对永生的兴趣(这并非CRISPR技术所能承诺的)。虽然我能理解他想"活得更好",却不太明白为何他想"活得更长",甚至永生不死。为什么有人想要永生?在我看来,生命之所以珍贵,部分原因正是因为生命有限。我们只有有限的时间体验世界。

为了更好地理解贾斯廷的观点,我去找了乔·罗根关于CRISPR的播客。我找到了一个2017年11月的节目,名为"乔·罗根谈CRISPR改变基因",嘉宾是哈钦森(Krystyna Hutchinson)和费希尔(Corinne Fisher)(两位都是喜剧演员):

> 乔·罗根:他们开始试验这种改变DNA的新方法,尝试用无生命迹象的人类胚胎做实验,也开始用活人做实验……这项技术不仅会改变你的外观,而且会实实在在地改变你。它将使你变成运动健将,它将改变你的容貌……他们认为能够消灭阿尔茨海默病,阻止许多使人患上帕金森病和其他疾病的基因发挥作用。他们已经分离出相关基因,有自信可以抑制它们。

---

* 人类增强(human enhancement)是指那些希望通过自然或人工的手段暂时或永久地克服现在人体局限的尝试。——译者

哈钦森:哇,那真不错。但是,我也不想活到150岁。

乔·罗根:说不定你还真能活到150岁。你想想,也许你现在不想活那么长,也这么说,但到你80岁时,要是有人问:“嘿,你想再活30年吗?”你可能觉得“那可棒极了”。

费希尔:要是身体健康,那还挺好的。

乔·罗根:它能令你不仅看起来像30岁,在身体机能上也回到30岁,真真正正地改变你的细胞结构,让你重获青春。

哈钦森:那我们的社会可就完了。

我听着几人的交流,听到普通人认真讨论人类基因组编辑的前景,但没有纠结于细节,感到相当受鼓舞。有好几次,我想加入对话。例如,我想请罗根解释他为什么说CRISPR可以“实实在在地改变你”。我希望哈钦森谈谈在她心里CRISPR基因组编辑技术长远的破坏力是什么。除了向主持人及嘉宾提问,我还想引入其他观点,使对话更加丰富,好让听众仔细考虑,得出对人类基因组编辑(也称人类基因编辑)的伦理的看法。

这个播客进一步推动了本书的写作——它旨在以一种引人入胜、广为接受且具有影响的方式弥合理论、科学、政治和实践之间的鸿沟;旨在向大众介绍新颖的观点,邀请读者对支持或反对可遗传的人类基因组编辑的种种论点进行批判性探讨。在我看来,在我们人类是否应该修饰自身基因以及后代基因的问题上,每一个人都应该享有决定权。

• • •

在多伦多的CRISPR研讨会上,我学会了用自制CRISPR试剂盒制造抗链霉素大肠杆菌。过程惊人地简单。研讨会前一天,德梅内塞斯为实验准备了培养皿。制作过程如下:制作培养基(细菌生长的营养源),将足量的培养基倒入培养皿中,覆盖皿底,待培养基在夜里凝固成半固体凝胶。过程有点像做果冻。

研讨会第一天，我按照自制CRISPR试剂盒中的说明，将Cas9（一种通常被描述为分子剪刀的酶）与向导RNA（预先设计、与细菌中的目标DNA序列相匹配的短碱基序列）在一只小试管中结合。然后，我把成品和模板DNA加到含有大肠杆菌的混合物中。当天晚上，按照德梅内塞斯的指示，我把试管带回家。外面冷得要命，我将试管塞进内衣，让混合物保持温暖，夜里和试管一同睡进被窝，好为混合物保暖。毫无疑问，专业的科学工作者会把试管放到实验室的恒温器里。

第二天回到研讨会，我用一种名叫接种环的小工具把试管里的混合物铺在含有链霉素的凝胶培养基上。我给培养皿盖上盖子，用胶带封上，将培养皿在室温下放置，以"培养"细菌。链霉素是一种治疗细菌感染的抗生素，正常情况下，大肠杆菌在有链霉素的环境里是无法存活的。24小时后，我观察到在培养皿内长出了黄色的细菌菌落，证明大肠杆菌已经被成功编辑，变得可以在含有链霉素的培养基中存活。

我把装有抗链霉素大肠杆菌的密封培养皿装进手提行李箱，带回了哈利法克斯，这样就可以在接下来几天里观察细菌的生长。大约一周后，我往培养皿倒入漂白剂，将样本丢弃了。

• • •

提供自制CRISPR试剂盒的公司名为奥丁，由生物物理学家及自称全球生物黑客运动领导者的蔡纳（Josiah Zayner）创立。他信奉参与式科学，认为CRISPR基因组编辑技术应当为所有人所用。蔡纳表示，它"不能只掌握在富裕的大企业手里，它太强大了，需要为所有人使用"。蔡纳的公司是其对"科学民主化"的贡献，助力创造"充分结合便利性、透明度和问责制原则的制度与实践"。

蔡纳拥有分子生物物理学博士学位，经营着一家小公司，却并非典型的科学家或商人。这不仅因为他身上有多处文身、穿洞，或因为他那头染得锃亮的金发，他真正的与众不同之处在于其规避研究伦理监督的自我实验。在其中一次自我实验里，他尝试进行全身微生物组移植，以治疗胃肠道疼痛。实验过程记录在一部名为《肠道黑客》(*Gut Hack*)的简短纪录片中。另一次类似实验里，他试图对肤色进行基因改造。蔡纳最广为人知的自我实验，当数2017年10月在于旧金山召开的国际合成生物学论坛上，直播将CRISPR基因组编辑试剂注入左前臂，试图删除肌生成抑制蛋白基因。他的目标是什么？是无需去健身房锻炼，前臂也能长出更大的肌肉。

此后不久，其他人效仿蔡纳，公开给自己注射了另一家生物黑客公司——优势生物医学——开发的CRISPR"针剂"。2017年10月，罗伯茨(Tristan Roberts)给自己注射了未经测试的HIV感染"治疗针剂"，2018年2月，崔维克(Aaron Traywick)* 给自己注射了未经测试的疱疹"治疗针剂"。在此期间，2017年11月，美国食品药品监督管理局(FDA)发布了一项针对自我操作基因治疗的警告："FDA意识到有人向公众提供用于自我治疗的基因疗法产品和用于自我治疗的'自己动手'基因疗法试剂盒，销售这些产品属违法行为。"蔡纳没有理会警告，也许他认为那与他的公司无关。然而，在反思自己的CRISPR"闹剧"时，他将其定性为走歪了的"社会行动主义"，同时担心有人会因此严重受伤。另一位同样担心这一点的人对蔡纳提出了"无证行医投诉"，加利福尼亚州消费者事务局正对此展开调查。

CRISPR的直接(和长期)潜在危害不仅限于生物黑客。随着CRISPR和类似基因组编辑技术(包括碱基编辑)在主流实验室内以及在其之外的发展，我们的细胞、我们自己和我们的世界都有可能遭受危险。对于

---

* 崔维克(1989—2018)，著名生物黑客，优势生物医学(Ascendance Biomedical)的创办人，其目标是开发和测试新的基因疗法，治疗癌症、疱疹、艾滋病甚至衰老。崔维克于2018年4月突然死亡，年仅28岁。前面提到的罗伯茨是另一名较为著名的生物黑客。——译者

我们的细胞而言，有可能引发意外且不想要的修饰，从而导致3D——疾病(disease)、残疾(disability)或死亡(death)中的一种或多种后果。对我们自己和我们的世界而言，当利用遗传知识改进生物结构，我们的社会规范和互动模式也随之变化，或许会破坏社会福祉和社会关系。例如，我们可能会寻求使用基因组编辑技术以接近"理想的"人类(仿佛我们不过是一堆基因)，却不知不觉愈加趋同，对可见瑕疵的容忍度逐渐降低。令人尤为担心的是，"差异"将被视为"残疾"，被当作某种需要消除的事物。要是那样，这项突破性技术最为显著、最为持久的潜在危害可能是社会性而非生物性的。倘若基因组编辑技术不仅用于治疗患者，还可以增强个体及其后代的遗传潜能，这些潜在危害将变得尤其严重。美国科学史学家康福特(Nathaniel Comfort)概括了以上担忧："遗传决定论最大的风险可能并非它所产生的结果，而是使我们再也看不见别的选择。通过创造完美的幻想，它掩盖了差异的力量、意外的美好与宽容的优越性。"

• • •

如何开发和使用人类基因组编辑事关我们所有人。因此，就未来可能使用人类基因组编辑消除、引入或修饰基因，每一个人都应该有机会进行思考并作出决策。基因组编辑科学还处于发展初期，关于CRISPR及类似基因组编辑技术将以前所未有的方式改造我们以及我们的孩子，还需经公众进行持续、知情的讨论与辩论，而后作出决定。我寄望本书能帮助读者更仔细地理解在改变后代基因遗传方面的所有潜在风险——风险远远不止存在于我们的生物结构层面。

为此，我提供了有关体细胞基因组编辑(这类改变在我们死后便不复存在)和可遗传生殖系基因组编辑(这类改变将遗传给我们的孩子)的基本介绍，接着将重点探究可遗传生殖系基因组编辑，尤其是该技术的开发和使用可能带来的种种得失。

我认为，广泛的社会共识将是学习如何利用基因组编辑的力量造福人类的最好方法。广泛的社会共识是一个过程，包括促成全球对话，以相互尊重的态度就不同的观点和价值观进行交流，建立信任，就如何以最佳的方式利用科学技术创造一个更美好的世界集思广益。在许多方面，我们如何相互沟通并作出决定，与我们所作出的决定同等重要。正如我稍后详述的，在科学政策的讨论和辩论中，科学家、伦理学家承担着不同的角色和责任，由此可以助力产生各种新选择和新机会。

不少人热衷于思考故意改变后代基因组的伦理问题和治理问题，本书的目的在于提高他们的伦理素养和科学素养，目标受众是人类大家庭，即“我们所有人”。关于基因组编辑工具未来可能用途的讨论、决策和政策选择，并不专属于科学、医学、政治、商业或其他领域的精英。当我们就可遗传人类基因组编辑的伦理和治理进行讨论、辩论，必须认真反思现存不公正的社会关系和社会结构，批判性地评估人类基因组编辑的科学技术会否改善这些情况，抑或使它们更加顽固。唯独如此，我们才有希望履行伦理义务，相互关爱，从而关爱全人类。

我希望生活在一个促进公平正义、崇尚差异的世界，一个人人都有价值的世界。我希望生活在一个拥抱睦邻友好、互惠互利、社会团结，追求人类繁荣和共同利益的世界。我希望生活在一个重视友好关系而非竞争关系的世界。我不希望生活在一个享有特权的少数人把特权刻在DNA中，从而加剧不公平的阶级分化和其他社会不公的世界。基于以上原因，我希望我们所有人一同思考，可遗传人类基因组编辑到底是一种恩惠，还是一种威胁。

第一章

# 针对单个基因：亨廷顿病

《奥布莱恩一家》(*Insid the O'Briens*)是吉诺瓦(Lisa Genova)的一部小说，记录了乔·奥布莱恩(Joe O'Briens)及其家人几年间的生活。年仅44岁的波士顿警察乔被诊断患有一种进行性大脑疾病——亨廷顿病(又称亨廷顿舞蹈症)。亨廷顿病的症状通常在三四十岁时显现，最初包括不由自主地抽搐和痉挛，以及微妙的情绪问题和思维混乱。随着病情发展，行走、协调和平衡等运动技能出现问题，不由自主地抽搐和痉挛变得更加明显，认知能力和情绪进一步受损。尽管有药物可以缓解症状，却没有治愈的方法。大多数亨廷顿病患者会在症状出现15—20年后因此病死亡。

亨廷顿病的确诊仅仅是乔噩梦的开始。在乔得知自己患有这种致命疾病的同时，他意识到，他的4名成年子女——吉吉(JJ)、帕特里克(Patrick)、梅根(Meghan)和凯蒂(Katie)，有50%的概率从他那里继承了这种疾病。

乔的医生问他是否愿意参加临床试验。吉诺瓦写道，"乔对科学一窍不通"，然而，"要是能拯救他的孩子，他愿意立刻砍下头颅捐给科学"。"我愿意，不管什么我都愿意。算我一份。"乔的儿子吉吉的亨廷顿病基因检测呈阳性(也就是说，他会患上该病并可能将其遗传给他的孩子)。故事后面，他与父亲共享了一个感人的时刻。吉吉的第一个儿子出生后,他激动不已,他告诉爸爸:“为了他,我死都愿意。”

吉吉并不是乔的孩子中唯一基因检测呈阳性的。乔的女儿梅根经过检测,得知她最终也将患上亨廷顿病,遭受严重的身体、精神和认知痛苦,早早离开人世。乔的妻子罗茜(Rosie)崩溃大哭:“我想象他们的葬礼,他们美丽的脸庞和身体被放在棺材里,深埋地下。一想到我的两个孩子要长眠地底,我真不想活了。”

想象一下,倘若你的孩子被诊断患有致命疾病,你将采取什么措施挽救他的性命?当孩子患上绝症,伤心欲绝的父母通常会说,他们愿意牺牲自己的生命换取孩子的生命。当他们知道以命换命只是一厢情愿,便转而祈求奇迹。乔开始祈求:

> 上帝,请帮助科学家找到治愈亨廷顿病的方法,让我的孩子不会为此丧命。
>
> 上帝,请让帕特里克和凯蒂以及约瑟夫(Joseph)宝宝的基因检测结果为阴性。
>
> 上帝,请让吉吉和梅根治愈,让我活长一点,知道他们会没事。如果这病仍无法治愈,请让他们直到年纪大了才出现症状。

有的父母在祈祷,有的则在做梦。他们梦想着另一种现实,他们的孩子可以免于死亡。简·默瓦(Jane Mervar)是一位妻子和母亲,她的伴侣和孩子被诊断为患有亨廷顿病,对她来说,这个梦想有一个名字:CRISPR。与乔·奥布莱恩不同,简·默瓦并非虚构的人物。

2002年,简·默瓦的女儿,6岁的卡莉·穆卡(Karli Mukka)被诊断患有少年亨廷顿病,一种折磨20岁以下年轻人的罕见变异导致的疾病。卡莉被诊断6周后,简的丈夫卡尔·穆卡(Karl Mukka,35岁)也被诊断出亨廷顿病。两年后,卡莉的姐姐,当时13岁的洁茜(Jacey),也被诊断患有亨廷顿病。她的另一个姐姐埃丽卡(Erica)于2007年被确诊亨廷顿病,时年17岁。2010年,在症状发作8年后,卡莉和卡尔于几周内相继死亡,简孤身一人照顾洁茜和埃丽卡。简说:“CRISPR是我的梦想。”

• • •

人类基因组普遍被称为“生命之书”。因此,人们以熟悉的编辑概念作比喻,以“剪切和粘贴”生命之书中的某些字母或单词来描述“查找和替换”遗传密码的某些部分。利用CRISPR技术,科学家可以去除、添加或改变生物体的DNA(基因组)。由此,CRISPR基因组编辑技术的发现者之一杜德纳(Jennifer Doudna)预测,未来的基因组会“像散文一样,任由编辑的红笔修改”。

尽管基因组编辑的比喻具有直观的吸引力,但有些人更喜欢基因组工程(或基因工程)的比喻,因其着重设计和构建。其他比喻包括基因黑客和基因手术。还有一些人撰写关于基因组修饰(或基因修饰)的文章时故意不使用任何比喻,以避免传递虚假信息,使人误以为操纵基因和基因组既简单又精确。根据2017年在美国进行的一项研究,记者大多使用“编辑”一词,而学者大多使用“修饰”和“工程”。同年在英国进行了另一项研究,访问了罕见病、遗传病及不孕不育社群的患者和非专业人士。该研究表明,基因修饰(genetic modification)一词可能会引起混淆,因其与转基因作物(genetically modified crops)和转基因食品(genetically modified food)相关联,而后两者涉及引入外来DNA。我在本书中主要使用基因组编辑的比喻,尽管这个表达有其缺点,但我撰写本书的目的,是赋权意欲参与有关人类基因组编辑伦理(ethics)和治理(governance)讨论的人们,而非就基因组编辑的文化比喻进行辩论,或试图对其作出改变。

• • •

亨廷顿病是一种单基因神经退行性疾病(一种由单一基因异常引

起的遗传病),发病率在世界各地有所不同,在欧洲和欧洲起源的国家(例如美国和澳大利亚)发病率最高。世界卫生组织估计,在西方国家,每百万人中有50—70个病例。

要了解亨廷顿病如何从亲生父母传给孩子,CRISPR又如何治疗病人及预防疾病传播,我们需要有关人类遗传学的背景知识。脱氧核糖核酸(DNA)是呈双螺旋的长链分子,可编码生物学信息,例如制备蛋白质的指令。DNA由4种化学碱基组成,即腺嘌呤(A)、鸟嘌呤(G)、胸腺嘧啶(T)和胞嘧啶(C),它们两两组合排列,形成DNA分子中的数百万个碱基对。腺嘌呤总与胸腺嘧啶配对,而鸟嘌呤总与胞嘧啶配对。这些化学符号代表了生物体的遗传密码。

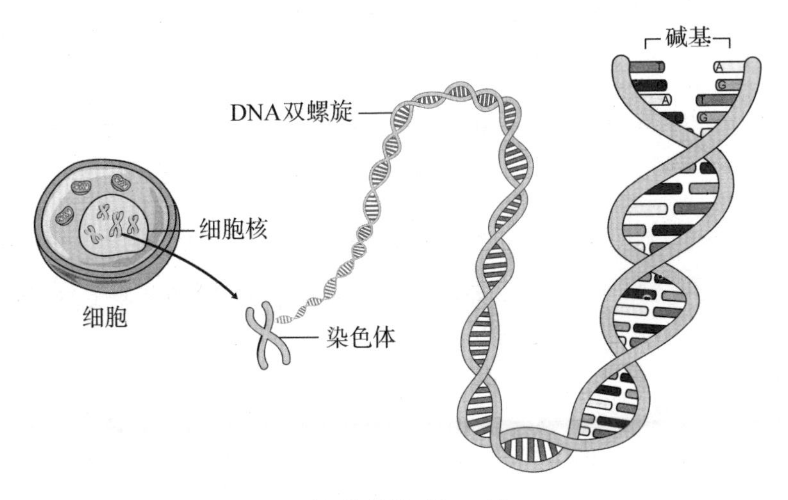


脱氧核糖核酸(DNA)

基因是染色体上的一段DNA,它控制着诸如眼睛颜色、认知能力和疾病风险等各种性状的表达。人类的每个基因都有两个拷贝,从亲生父母双方各自遗传一个拷贝。由此,遗传信息通过基因从父母传给后代。自父母处遗传的基因拷贝可以是相同的,也可以是不同的。例如,一个人可能会继承两个棕色眼睛的基因,或者一个棕色眼睛的基因和一个淡褐色眼睛的基因。同一基因的不同拷贝被称为等位基因。基因之间的不同，有时仅仅带来差异（例如眼睛的颜色各异），有时则可能是导致遗传病的突变。在基因突变的情况下，基因编码的蛋白质可能功能受限，甚至功能缺失。

亨廷顿病相关的基因被命名为亨廷顿蛋白基因（*HTT*基因）。*HTT*基因位于第4号染色体的短臂上，包含一段由4种化学碱基中的3种——胞嘧啶（C）、腺嘌呤（A）、鸟嘌呤（G）组成的DNA。这段DNA被称为CAG重复序列。每个人都继承两个*HTT*基因拷贝（每个亲本各一个），我们大多数人继承了两个功能正常的基因拷贝。*HTT*基因的正常拷贝有10—35个CAG重复序列。一个功能失调（缺陷）的*HTT*基因拷贝有超过35个CAG重复序列。倘遗传了一个有缺陷的*HTT*基因拷贝，将有患上亨廷顿病的风险，因为该缺陷基因为显性基因。倘两个*HTT*基因中其中一个含36—39个CAG重复序列，就**有可能**患上亨廷顿病；倘两个*HTT*基因中其中一个含40个或更多CAG重复序列，将**肯定**患上亨廷顿病。

亨廷顿病由单个基因突变引起，因此该病成为体细胞基因组编辑临床试验的主要早期目标。临床试验将对患者的体细胞（非生殖细胞）进行基因修饰，即只对患者（而非患者的后代）进行基因修饰。虽然到目前为止，尚没有针对亨廷顿病的此类试验，但这可能只是时间问题。

2017年，一项CRISPR临床前试验（非人类动物试验）表明，在经基因修饰后患有亨廷顿病的小鼠身上运用CRISPR技术，可以减轻神经毒性，并逆转亨廷顿病的某些神经病理学和行为学症状。2018年初，另一组研究人员报告，他们使用新版带Cas9组件的CRISPR基因组编辑系统，成功地删除了一名亨廷顿病患者细胞中*HTT*基因的CAG重复序列。针对亨廷顿病患者，下一步研究通常是在细胞中进行更多基础研究，并用大鼠和更大的非人类动物模型作进一步临床前研究。2018年，科学家成功培育出具有亨廷顿病患者特有的运动问题、呼吸困难和认知困难的转基因猪。这些转基因猪相较于转基因大鼠是更好的疾病模型，因为可在其体细胞里试验CRISPR基因组编辑技术。假以时日，倘有足够证据证明试验安全有效，将继续进行与人类相关的临床试验。

• • •

简·默瓦梦想着有一天，CRISPR将纠正她两个女儿的缺陷基因，"治愈"她们的亨廷顿病，其他人则梦想着一个能够使用CRISPR或类似基因组编辑技术"预防"后代遗传病的世界。体细胞基因组编辑在不影响患者生殖细胞的情况下对患者的体细胞或组织进行基因改变。可以在实验室中对细胞或组织进行基因改变，然后将修改后的细胞或组织返回植入患者体内（体外基因组编辑），也可以直接在患者体内进行基因改变（体内基因组编辑）。这些变化不可遗传，即不会遗传给未来的孩子。而生殖系基因组编辑包括对生殖细胞（卵子和精子，以及产生卵子和精子的细胞）或早期（单细胞）胚胎进行基因改造，改造皆在实验室里进行。如果经过基因修饰的细胞随后被移植到女性子宫中进行妊娠并诞下孩子，生殖系基因组编辑将导致可遗传的变化，对后代子孙产生永久性的改变。总之，生殖系基因组编辑在实验室对生殖细胞及早期胚胎进行基因修饰，可遗传基因组编辑则涉及对基因修饰细胞和早期胚胎的生殖利用。

亨廷顿病是一种常染色体显性遗传病，有缺陷的*HTT*基因为显性基因，因此只需带有一个缺陷基因拷贝就会患病。大多数亨廷顿病患者是该病的杂合子，这意味着他们有两个不同的等位基因，即患者携带一个*HTT*基因的正常拷贝（有10—35个CAG重复序列）和一个*HTT*基因的缺陷拷贝（带有扩增的CAG重复序列）。假设一个拥有一个*HTT*基因缺陷拷贝的人与一个拥有两个*HTT*基因正常拷贝的人繁殖下一代，他们的后代就有50%的概率遗传亨廷顿病。当亲生父母都是该病的杂合子（意味着伴侣双方都携带一个*HTT*基因缺陷拷贝），生下患病孩子的概率会增加到75%。还有一个可能，即亲生父母其中一方是该病的纯合子，意味着该父亲或该母亲带有两个错误的等位基因。倘双亲中的一位（非常罕见地）带有两个*HTT*基因缺陷拷贝，那么，他们所有的孩子都将遗传亨廷顿病。

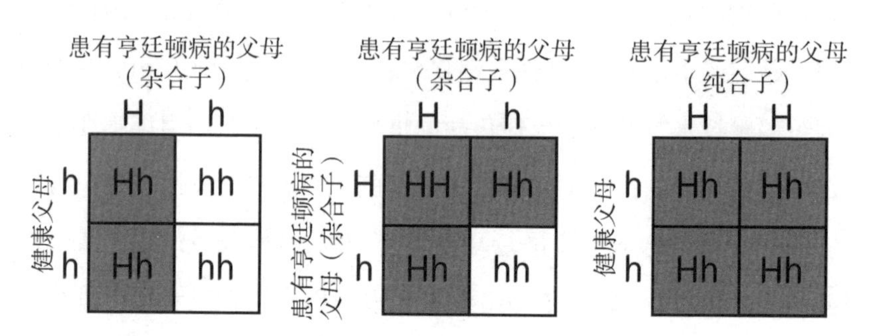


H代表导致该病的有缺陷的*HTT*基因
h代表正常的*HTT*基因
任何携带H的孩子都会遗传亨廷顿病

亨廷顿病遗传模式

倘准亲生父母其中一方或双方是亨廷顿病的杂合子（因此有50%或75%的概率生下一个患有该病的孩子），他们可以利用各种基因和生殖技术，以避免将亨廷顿病遗传给孩子。如果妊娠尚未开始，可以使用植入前遗传学诊断（PGD）来确定哪些胚胎携带有缺陷的*HTT*基因，哪些胚胎健康。使用此办法，可以通过体外受精（IVF）在女性体外生成胚胎。待胚胎发育五六天后，从每个胚胎的外层取出细胞，进行亨廷顿病检测。携带有缺陷的*HTT*基因的胚胎可被丢弃，无病胚胎用以启动妊娠。

如果妊娠已经开始，准父母可以使用产前基因检测（绒毛活检术或羊膜腔穿刺术）来确定发育中的胎儿是否遗传亨廷顿病。绒毛活检术需取出一小块胎盘组织进行检测，通常在孕期10—12周时进行。羊膜腔穿刺术需提取和筛查羊水（胎儿周围的液体），通常在孕期15—20周时进行。倘胎儿患有亨廷顿病，准父母可以选择终止妊娠。

在极其罕见的情况下，父母其中一方是亨廷顿病的纯合子，无论是植入前遗传学诊断还是产前检测都无法避免遗传此病的孩子出生。这些夫妇无法生产无病胚胎，因此无法从用于鉴定无病胚胎或胎儿的技术中获益。目前，他们的育儿选择仅限于卵子、精子或胚胎捐献，国内或国际收养，做寄养父母，以及其他更加非正式的生育安排。

根据可遗传人类基因组编辑支持者的说法，以上皆非理想的家庭选择，因为准父母其中一方或双方与孩子没有遗传关系。他们主张，用准父母的卵子和精子创造体外受精胚胎，然后利用生殖系基因组编辑来纠正患病胚胎的致病性状，希望通过这种方式，使带有遗传风险的准父母拥有遗传健康且遗传相关的孩子。另一些人则表示，为了满足父母对基因亲缘关系的渴望而创造基因修饰婴儿，让孩子遭受不得而知的伤害，这是不道德的。作为回应，基因改造的倡导者坚持，这不仅仅是一种愿望，还是一种迫切的医学需求。

第二章

# 从编辑基因组到改变遗传

当我们听到像乔和简这样令人心碎的故事，几乎也迫不及待想得到他们迫切需求的东西：治疗和预防遗传病。一个希望是可以通过体细胞基因组编辑治疗遗传病患者，另一个希望是利用生殖系基因组编辑预防后代患上遗传病。

一般而言，人类基因组编辑需要一个编辑系统，以更改生物体的DNA。既可以改造体细胞（生殖细胞之外的所有人体细胞）的DNA，也可以改造生殖细胞（包括卵子和精子，以及产生卵子和精子的细胞）或早期胚胎的DNA。体细胞的改变不可遗传，不会传递给子孙后代。生殖细胞或早期胚胎的改变可以遗传，如果使用修饰过的细胞进行生殖，则改变将由父母遗传给后代。也就是说，通过可遗传的生殖系基因组编辑，其目的并非帮助现有患者，而是改变血统，即改变遗传。

• • •

最近的实证研究似乎证实，全世界都对使用体细胞基因组编辑治疗危及生命或严重致人衰弱的遗传病热情满满。麦考伊（Tristan McCaughey）及其同事使用全球社交媒体（脸书、推特、谷歌和微信）对185个国家/地区的12 562人进行调查，内容是基因组编辑技术的各种可能应用。2016年，他们报告，超过一半的受访者（59%）支持在儿童和成人中使用基因组编辑来治愈危及生命或致人衰弱的疾病。次年，即

2017年，英国皇家学会进行的一项调查证实，公众对体细胞人类基因组编辑高度支持。在2061名受访者中，83%支持将其用于治疗危及生命的绝症（例如肌营养不良），82%支持将其用于治疗其他可治愈但会危及生命的疾病（例如白血病），73%支持将其用于无生命威胁的疾病（例如关节炎）。同样在2017年，朔伊费勒（Dietram Scheufele）及其同事对美国的1600名成年人进行调查，发现其中64%支持将体细胞人类基因组编辑用于治疗疾病。2017年，研究人员在中国在线调查了13 563名受访者对基因组编辑（被称为基因疗法）的态度。调查发现，受访者大力支持使用体细胞基因组编辑治疗成年人中致人衰弱的疾病（77%）、成年人中的致命疾病（81%），以及儿童中的致命疾病（83%）。2018年，亨德里克斯（Saskia Hendriks）及其同事报告了2016年一项面对1013名荷兰参与者的在线横断面调查*。他们研究了人们在不同情况下使用基因组编辑的意愿，结果显示，85%的受访者愿意使用基因组编辑治疗自己的神经肌肉疾病，由此可见，人们大力支持体细胞人类基因组编辑。

在仔细审查各种调查工具和方法后，不难发现研究中的局限性，包括招募偏倚、翻译造成的偏倚、关于风险的信息缺失、关于基因改造替代方法的信息缺失、无法确定受访者理解相关科学或调查问题，还有问题中的歧义、偏倚和错误（例如，中国的调查将唐氏综合征描述为一种通常情况下致命的遗传病）。毫无疑问，这些限制削弱了报告中一些数据的质量（在某些情况下损害了其有效性）。尽管如此，值得注意的是，自2016年以来，各国的意见明显趋同。

人们对于将体细胞基因组编辑作为治疗危及生命或致人衰弱的遗传病的方法热情满满，这并不奇怪。毕竟，谁不希望乔为儿孙健康的祈

---

* 横断面调查（cross-sectional survey）又称横断面研究，所获得的描述性资料是在某一时间点或在一个较短时间区间内收集的，故又称现况研究或现况调查（prevalence survey）。——译者

祷得到回应，或是简为女儿许下的CRISPR梦想能成真呢？尽管如此，由于科学和伦理方面的种种关切，人们对这项研究的普遍兴奋已经有所缓和。在试验设计中，是否有有效的替代性治疗方案，以及是否需要一个有利的(或适当的)利害比，都是重要的考虑因素。为了确保任何基因修饰的安全性、功效性和有效性，需在临床试验期间以及后续的长期随访中进行仔细监测。任何基因修饰都极有可能是永久性的，因此知情选择和退出权尤为重要。除此以外，如果体细胞人类基因组编辑成为临床护理的一种选择，就必须解决如何公平地获得这项技术(及其下游效益)的重大问题，毕竟体细胞基因组编辑不太可能人人受益。

基因组编辑对严重遗传病患者的潜在健康有可观益处，许多人对治疗性体细胞基因组编辑的前景感到兴奋，他们预计，未来将有可能治疗涉及单一缺陷基因的疾病，如亨廷顿病、囊性纤维化和肌营养不良。他们还想象使用体细胞基因组编辑来治疗更复杂、具有遗传基础的疾病，包括癌症、痴呆和某些形式的心脏病。更令人兴奋的是，未来还有可能在健康个体中使用体细胞基因组编辑技术，通过基因疫苗预防疾病。例如使用携带CRISPR/Cas9的病毒诱导保护性突变，又例如可能通过编辑肝细胞的基因来改变血液中脂蛋白的调节，从而防止动脉粥样硬化进一步恶化。

基因组编辑有以上各种潜在好处，但也有许多直接和长期的潜在危害。倘若科学家无法控制基因组编辑技术，无法确保对患者DNA的所有改变都是有意而为，且没有不必要的副作用，便可能产生危害。

最突出的安全问题是所谓的脱靶效应，指的是在患者基因组本不应编辑部分的DNA上，产生了不需要且无法预测的遗传变化。使用文字处理程序作比喻，脱靶效应类似于，当文稿编辑对单词hello使用“查找和替换”功能，程序额外查找了hell或jello等相似单词并进行替换。对文稿编辑而言，这些错误(在错误的位置进行编辑)会打乱文本的含义。对于基因组编辑而言,这样的等效错误可能会对患者造成严重伤害。各种意外且不想要的基因修饰可能涉及点突变(遗传密码中单个碱基发生变化)、倒位(同一条染色体上发生两次断裂,断裂点间的遗传密码碱基发生翻转,使得一段染色体旋转180度)、易位(一条染色体的一部分断裂,转移并附着到另一条染色体上)、插入和缺失。

癌症是其中一种潜在危害,可能会在体细胞基因组编辑数月或数年后才出现。例如,患者的抑癌基因也许会出现DNA插入或删除,其抑癌能力从而被破坏。相反,造成癌症的基因(称为癌基因)也许会因为基因组编辑而被意外激活。除了因脱靶效应(在错误的地方进行编辑)而引起癌症,也有可能由于靶向效应(在正确的位置进行编辑,却产生意想不到的后果,例如大段的基因被删除)而引发癌症。

体细胞基因组编辑的第三个安全问题是全基因组效应风险,即一个基因的改变会以不可预知的方式改变在不同染色体上和不同组织里许多基因的表达。其中一个例子是,编辑进行性假肥大性肌营养不良患者的*MSTN*基因。进行性假肥大性肌营养不良又称迪谢内肌营养不良,是一种由肌养蛋白基因缺陷引起的致命性肌肉疾病,*MSTN*基因负责编码肌生成抑制蛋白。对该基因进行编辑目的是尽可能保持患者的肌肉功能,但是,这有可能在无意间对患者心脏或骨骼组织造成负面影响。

一些研究表明,体细胞基因组编辑的潜在危害被夸大了。然而,另一些研究显示,这些风险比以往预期的更为严重。目前,人类体细胞基因组编辑的潜在危害尚且未知(有的人认为根本无法得知)。

一旦体细胞人类基因组编辑开始进行人体试验,有可能各个阶段的研究都能顺利进行,假以时日,涉及插入或删除一个或多个基因的治疗也将得以实现。可是,早期研究更有可能揭示由于编辑不正确或不完整而导致的安全性和功效性问题。其中一种可能是人体细胞基因组编辑被证明安全但无效。另一种可能是基因组编辑有效,但不安全(或不可预测)。例如,目标基因被有效改造,可由于基因组其他区域的意外变化,患者需终身遭受各种危及生命的并发症。

尽管此时大家对出于治疗目的的人类体细胞基因组编辑热情满满,我们仍需牢记从基因转移研究到发展基因治疗的历史,从而细细思考涉及人类的基因组编辑研究的安全性。美国加利福尼亚大学洛杉矶分校的美国血液学家克莱因(Martin Cline)于1980年进行了全球首次基因转移试验,试验未经授权。试验目标是两名患有严重的β-珠蛋白生成障碍性贫血(又称β-地中海贫血,一种具有遗传性的可能致命的血液病)的患者。克莱因的试验旨在将DNA输送到患者的细胞中,以治疗他们的疾病。试验并未给患者带来身体上的帮助或伤害,但克莱因没有事先获得美国加利福尼亚大学洛杉矶分校的研究伦理批准,此外,他也没有告知进行研究的耶路撒冷和那不勒斯机构的有关当局,研究事关重组DNA。他因以上违法行为受到美国国立卫生研究院制裁。

自彼时起,已在人类身上进行过数千次基因转移试验,最近一些试验取得了一定成功,可这并不代表安全问题已成为过去。事实上,杰出的科学家们持续就基因转移研究的危险发出警告。1999年,一名18岁的轻度鸟氨酸氨甲酰转移酶(OTC)缺乏症(一种肝病)患者盖尔辛格(Jesse Gelsinger)对经过基因改造、用以传递*OTC*基因健康拷贝的病毒产生致命反应,在基因转移临床试验中死亡。宾夕法尼亚大学基因治疗计划主任、盖尔辛格试验的首席科学家威尔逊(James Wilson)警告,在涉及迪谢内肌营养不良儿童的当前以及即将进行的临床试验中,大剂量基因转移可能产生毒性作用。人体细胞基因组编辑研究涉及将编辑系统导入人体细胞以校正其DNA,目前,没有理由认为其风险比基因转移研究低。

盖尔辛格试验的一个重要特征是受试者相当健康。OTC缺乏症是一种严重遗传病，每40 000个新生儿中就有一个受到影响，患儿中一半在出生后一个月内死亡，另有1/4的患儿在5岁前死亡。盖尔辛格只是轻度OTC缺乏症，他能够通过低蛋白饮食和药物来维持健康。他应该参加这次试验吗？事后，许多人建议，最初的研究受试者应该是患有致死性OTC缺乏症的新生儿，而非患有轻度OTC缺乏症的年轻人。在潜在的危害和参与研究可能带来的好处间权衡利弊，是伦理临床研究的一个关键因素。

• • •

如今，在许多国家，纳税人是人类体细胞基因组编辑研究的风险投资人，却没有明显的直接投资回报前景。在高收入和中等收入国家，政府在研究上投入了大量税收，但没有准备好在可能产生的临床治疗方案上投入同等的税收。对利用政府资助进行研究项目的公司征收少量的特许权使用费，也许是朝着减轻纳税人负担方向上迈出的积极的一步。

目前的情况使人们深切关注：自己到底能否公平获取公共资助的体细胞基因组编辑研究成果？倘若政府资助研究，同时却不承诺公开资助因研究开发的疗法，那么可以说，他们是在利用公共资金资助少数特权人群（无需公共资金资助便能负担治疗费用的人）的未来潜在疗法。坦率地说，这在道德上值得质疑。此外，我怀疑，要是人们从一开始就清楚未来的治疗对大多数人而言无法企及，是否依然会对人类基因组编辑研究满怀热情。

为了减轻纳税人（公民投资者）的不满情绪，一些政府、准政府组织和科学家有时会坚持，人类基因组编辑研究的主要好处是增加基础知识。这种知识总被描述为符合公众利益且道德中立的好处，且将为许多人（即便不是所有人）带来细水长流的益处。另一种回应是，虽然初始成本高昂，但下游应用将变得可以负担。能证实这一说法的是，随着时间推移,人类基因组测序成本已显著降低。

我们暂且未能得知当体细胞基因组编辑疗法首次应用于临床试验之外时要价如何。但参照遗传病的基因转移疗法费用,基因组编辑疗法可能非常昂贵,且不易获取。以基因治疗药物格利贝拉(Glybera)为例,该药物旨在纠正导致脂蛋白脂酶缺乏症(一种引发胰腺炎和剧烈腹痛的罕见遗传病)的基因缺陷。2012年,格利贝拉获得欧盟委员会的上市授权,成为全球首种获得许可的同类基因疗法药物。2015年,该药甫上市便成为世界上价格最高的药物,一次性剂量的价格约100万美元。尽管这种基因疗法安全有效,但由于需求有限、成本高昂,在商业上是一次失败。2017年10月,该公司许可证到期后便退出了欧洲市场。根据美国国立卫生研究院的数据,每百万人中有1人患有脂蛋白脂酶缺乏症,不过,在加拿大魁北克省的萨格内地区,比例高达每百万人中便有200名患者。在全球范围内,共有31人收到了格利贝拉,其中只有1人是付费客户(通过保险支付)。其他30人中,27人是临床试验参与者,3人是安排了唯一一次商业销售的医生所认识的患者。格利贝拉的许可证到期时,医生请求提供剩余的药品,以每位患者1欧元的价格赠予患者。

2017年12月,Luxturna成为美国批准的首个针对遗传病的基因疗法药物。Luxturna用于治疗*RPE65*双等位基因突变相关的视网膜营养不良。这是一种罕见的遗传病,会导致视力下降,甚至可能引致失明。新疗法是将替代的*RPE65*基因直接输送到视网膜。据估计,美国有1000—2000人可能受益于新疗法。可是,有多少人能负担得起呢?最初,生产Luxturna的星火治疗公司并未透露该新药的成本。《麻省理工科技评论》(*MIT Technology Review*)的雷加拉多(Antonio Regalado)估计成本为100万美元,他猜测:“就算不吃不买不交税,美国家庭平均要花18年的时间才能购买一剂拯救视力的药物。”Luxturna于2018年初投放市场，价格为85万美元（即每只眼睛42.5万美元）。

根据上述例子，我们保守估计，用于治疗单基因疾病（例如亨廷顿病）的体细胞基因组编辑疗法的一次性费用约为100万美元，同时，我们假设大多数（假如不是所有）政府资助的医疗卫生系统和私人医疗保险公司将不会提供资助，由此，人类基因组编辑的费用将超出大多数人的承受范围。据估计，在美国约有3万人患有亨廷顿病，他们中有多少人能够负担体细胞基因组编辑的费用？随着时间推移，就如其他生物技术一样，体细胞基因组编辑的成本可能会降低。如果那样，这项技术会变得使用更广泛，也更容易获取。即便如此，它可能依然限于某些国家里的少数人。如此一来，眼见CRISPR基因组编辑技术可望而不可及，简·默瓦的梦想很可能会变成一个噩梦。

在像美国这样的国家里，能否获得医疗卫生服务取决于保险状况或支付能力，因此普通患者极有可能无法进行体细胞基因组编辑（即使以后价格下降）。许多美国公民没有医疗保险，而拥有医疗保险的公民中，绝大多数人没有“凯迪拉克”式的医疗保险，即价格高且质量高的，包括了人类基因组编辑在内的高额项目的保险。没有保险或保险不足的个人很可能没有能力自掏腰包支付人类基因组编辑技术的费用，倘若未来他们想要获得这类技术，便只能依靠他人的善意（也许是通过慈善组织或集体捐助）。

即便在医疗卫生作为公民权利的国家，也很可能难以获得体细胞基因组编辑的机会。由于资源有限，拥有公共资助的医疗卫生系统的政府必须优先考虑所有公民的医疗卫生需求，需从个人层面和人群层面的相对成本、预期收益角度，在经济和道德上证明公共资金使用合理。负责优先考虑和平衡人群医疗卫生需求的公共卫生官员、政策制定者与立法者可能会决定不支付体细胞基因组编辑的费用，因为预计该技术会在公共资助的医疗卫生系统中产生下游费用（基因疫苗接种可能除外，因其可通过全球卫生和人口卫生项目资助）。

• • •

在对体细胞基因组编辑持积极态度的人中，部分也支持健康相关的可遗传人类基因组编辑。他们认为，一旦有可能通过编辑体细胞来治疗患者的遗传病，下一步显而易见便是防止遗传病。如果受益于体细胞基因组编辑的患者以传统方式（通过性交）生育，便有可能将缺陷基因遗传给后代。为什么要通过遗传一代又一代地重复疾病循环呢？处于生育年龄的人知道自己带有缺陷基因，有可能将遗传病遗传给后代（比如乔的孩子吉吉和梅根），他们既然可以利用基因组编辑来修复自己，就也可以修复后代。通过这种方式（假设可遗传基因组编辑能用且用得起），可以避免诞下有遗传病的孩子，从而避免相关的情感负担和经济负担。

这一论点有时被通俗地称为"一劳永逸"，因为基因矫正只需操作一次，便可代代相传。此外，支持与健康相关的可遗传人类基因组编辑的人坚持认为，对于一系列遗传病——包括对多个器官和多类细胞造成不可修复的损害的疾病（如囊性纤维化）、影响非分化细胞的疾病（如莱施-奈恩综合征）*、导致出生前永久性损伤的疾病（如脊柱裂）和导致胎儿死亡的疾病（如遗传性心脏病）而言，这种技术比体细胞人类基因组编辑更为有效。

虽然这一务实的论点有着直观的吸引力，但要记住，除了可遗传人类基因组编辑，还有更安全、更简单的选择，包括收养、寄养育儿和其他

---

* 莱施-奈恩综合征（Lesch-Nyhan syndrome）也称自毁性综合征，是一种X染色体隐性遗传代谢性疾病。1964年莱施（Michael Lesch）和奈恩（William Nyhan）首次报道此病。该病具有一些独特的症状，如：智力发育不全、痉挛性脑瘫、舞蹈样动作和强迫性自伤行为；实验室检查可见血中尿酸增多。诊断上除了根据患儿特殊的症状和高尿酸血症外，目前主要应用分子遗传学的技术予以确诊，治疗方面仍无有效的根治疗法。——译者

相对非正式的养育安排。同样，对于想要经历妊娠的人来说，使用无病的卵子、精子进行体外受精或移植无病胚胎也是一种选择。更具争议的是，夫妇可以选择自然受孕，然后进行产前基因检测以选择是否需要人工流产，或在体外受精后进行植入前遗传学诊断以筛选去掉患有遗传病的胚胎。

对此，可遗传人类基因组编辑的倡导者回应，有可能生下遗传病孩子的夫妇想要的不仅是孩子，而是遗传健康且遗传相关的孩子。通过收养、寄养育儿及其他非合法的生育安排，或使用供体胚胎，父母双方都不会与孩子遗传相关。倘使用供体卵子或供体精子，通常只有一个伴侣与孩子遗传相关。

对有可能生下患有遗传病的孩子的夫妇而言，唯一可行的生殖选择是在自然受孕后进行产前检查，将受影响的胎儿进行选择性流产，或在体外受精后进行植入前遗传学诊断，再选择无病胚胎进行移植。然而，对一些夫妇来说，如果一方是显性遗传病（如亨廷顿病）的纯合子，或者双方都是隐性遗传病（如囊性纤维化）的纯合子，则不可能进行以上提及的两种选择。对这些夫妇而言，可遗传人类基因组编辑将是他们拥有遗传健康且遗传相关的孩子的唯一途径。不过，加拿大新生殖技术皇家委员会表示：

> 然而，这是极其罕见的案例，例如，隐性遗传病的平均发病率是1/20 000，两个染病个体交配的可能性非常小。而且，即使他们确实交配，如果双方皆身体健康、功能正常，且能够妊娠，那影响他们的就不会是遗传病中最具破坏性的疾病。实际上，此类疾病可能相对较轻（例如耳聋），其破坏性不足以成为尝试操纵合子DNA的理由……很难想象在现实世界中，在胚胎的发育早期对合子进行基因改变以影响生殖系是一种合适的反应。

由此，位于马萨诸塞州剑桥的麻省理工学院-哈佛大学博德研究所所长兰德(Eric Lander)承认，可遗传人类基因组编辑可以使某些夫妇受益，但他坚持这些夫妇非常罕见，因此这项技术并非必要：

> 例如，对于作为显性遗传病的亨廷顿病，医学文献中纯合子患者的总数仅数十人。对于大多数隐性遗传病来说，病例也非常罕见(1/1000 000到1/10 000)，除非两人由于疾病本身而结合，否则两个患病个体之间的婚姻几乎不会发生。

也有人持反对意见。例如，哈佛医学院遗传学家丘奇(George Church)、哈佛医学院院长戴利(George Daley)和弗朗西斯·克里克研究所的洛弗尔-巴吉(Robin Lovell-Badge)等人指出，这些夫妇正是进行可遗传人类基因组编辑研究的理由。以上关于以生殖为目的的生殖系基因组编辑研究是否必要、明智的争论，双方相持不下，成为可遗传人类基因组编辑引人注目的众多伦理争论之一。

此外，还有其他夫妇可能会从可遗传人类基因组编辑中受益。这些夫妇本可使用现有的生殖和遗传技术，可以拥有遗传健康和遗传相关的孩子，但他们出于道德理由不愿造成生命损失，因而反对流产或破坏胚胎。由此，他们更愿意将可遗传基因组编辑与体外受精和植入前遗传学诊断结合使用。通过体外受精、植入前遗传学诊断和可遗传基因组编辑，这些夫妇可以发挥"治愈而非丢弃受累人类胚胎的道德义务"。另一个可见的好处是，通过挽救有缺陷的胚胎，这些夫妇可能会增加可用于移植的胚胎总数，从而增加受孕机会。

这种设想会产生两个问题。首先，通过体外受精、植入前遗传学诊断和可遗传基因组编辑进行生殖也会造成胚胎生命损失。在开发基因组编辑技术的过程中，有数千个(甚至数万个)胚胎将被摧毁。在具体操作中，每当检测结果显示基因改变会引致有害的意外后果(如脱靶效应),还会有更多胚胎在被"拯救"后摧毁。其次,如果基因组编辑产生了有害影响,却没有在胚胎移植之前被检测到,那么任何出生时带有修饰过的基因组的孩子都可能在出生后或在以后的人生中由于基因修饰而受到伤害。为了创造健康的孩子,更安全的选择是根据需要让女性进行额外的体外受精周期,以识别出无异常(无疾病)的胚胎。

围绕这场辩论出现了一个有趣的伦理问题,即父母对遗传健康与遗传相关的孩子的渴望是否算是"迫切的医学需求"。"迫切的医学需求"是2018年第二届国际人类基因组编辑峰会组委会的结论性声明中提出的进行可遗传人类基因组编辑的建议标准。有人认为问题的答案不言而喻,在他们看来,准父母对遗传相关的孩子的强烈渴望是一种迫切的医疗需求。有些人则不同意,坚持认为,这种渴望只是一种欲望,一种偏好,一种文化上规定的需求(因此可以改变)。他们还认为,并非所有欲望、偏好或需求都与医学相关。他们相信,社会应该质疑将这种社会偏好医学化的尝试,而非强化假定的遗传相关性。美国哲学家鲁利(Tina Rulli)就是其中之一,她以批判的目光一个接一个地研究支持基因相关性的常见论据,发现每一个都站不住脚。这些论点包括"希望亲子相似、家庭相似、心理相似,出于爱,获得某种永生,出于遗传联系本身,为了生殖,为了经历妊娠"。鲁利得出结论:"这些原因太过琐碎,预先假设了遗传联系的价值,既不适合作为规范的育儿理由,也未能在遗传相关子女和领养子女之间作出相关区分。"

从另一个角度来看,满足几对夫妇对遗传健康和遗传相关的孩子的渴望本身,并不足以作为向发展该项技术投入所需时间(精力)、才能(技能)和财富(财务)的根据。更勿论在几乎所有案例里,都有更安全、更简单、更便宜的方法来实现目标,建立爱意融融的家庭。既然如此,为何科学家、政府、慈善家和其他投资者应当使用基因组编辑技术来解决对遗传健康和遗传相关的孩子的渴望。此外,考虑到全球其他迫在眉睫的问题,例如人口过剩、气候变化、水资源短缺、环境退化和粮食不安全等,为满足这一愿望而投入大量资源将造成巨大的机会成本*。

以上两个反对意见并非反对可遗传人类基因组编辑本身,很可能还有其他合理理由支持发展这项技术。例如,有人提出,不同于使用植入前基因诊断的胚胎筛查,可遗传人类基因组编辑可以(在很长一段时间内)有助于降低遗传病的发病率。这是因为,植入前遗传学诊断可用于选出患有遗传病的胚胎,但无法针对携带遗传病基因的胚胎进行选择。在此情况下,使用植入前遗传学诊断可能会阻止具有特定遗传状况的孩子的出生,却不能阻止自身身体健康(不会经历疾病症状)但携带遗传病基因的孩子出生。遗传病基因的携带者可将其有缺陷的基因遗传给孩子,其中一些孩子可能会遗传该疾病。可遗传人类基因组编辑则可以改变所有细胞(包括生殖细胞)中的缺陷基因,经过编辑后出生的人不会携带疾病基因,也就不会将一个或多个缺陷基因遗传给子女。

• • •

人类基因组编辑是一项革命性技术,它使我们更清楚地看到利用体细胞基因组编辑"编辑个体人类"和使用可遗传基因组编辑"编辑全人类"的潜力。当我们展望未来,可以很容易地想象以下场景:不仅使用基因组编辑技术降低后代遗传病的发病率,还以此改变人类。这种转变可能包括引入非人类动物或植物的基因或实验室合成的基因。此外,基因组编辑技术还可以与人工智能或体外配子发生技术(例如,男性的干细胞进行反向操作以产生卵子和精子)等其他技术一同使用。这样的愿景也许会对未来产生深远影响,从而迫使我们发挥道德想象力,仔细思考我们是谁,想成为怎样的人。

---

* 机会成本(opportunity cost),又称择一成本或选择成本,是指在经济决策过程中,因选取某一方案而放弃另一方案所付出的代价或丧失的潜在利益。——译者

未来几年,出于竞争、美容或其他原因,从健康相关的基因修饰转向非健康相关的基因修饰的压力将越来越大。面对这种压力,我们需要批判地评估潜在的生物、社会和文化后果,以便能够负责地采取行动,努力为我们所有人带来一个光明的未来。在需要认真关注的潜在后果中,长期的社会后果和文化后果可能最具破坏性。因此,我们不仅需要从生物学的角度,还需要从社会学、人类学、文化研究、科技研究和伦理学的角度来看待可预见的种种影响。

• • •

关于人类基因组编辑技术可以朝哪个方向发展、应当朝哪个方向发展,我们需要进一步民主地讨论和辩论。争论的焦点包括我们应当追求哪些目标,有哪些细胞应当被改造。有见及此,必须提出两个问题。首先,我们是应该将DNA修补局限于与健康相关的治疗或预防干预,还是应该同时接受非健康相关的干预(通常称为基因增强)?也就是说,我们是否有正当理由进行超越治疗和预防人类疾病的基因改变?其次,我们应该将基因修饰局限于一代人(体细胞基因组编辑),还是应该也致力于将遗传改变传递给后代(可遗传基因组编辑)?也就是说,我们是否有正当理由进行超越当代的基因改变?

第三章

# 设计婴儿

"设计婴儿"一词于20世纪80年代中后期进入流行文化。彼时,它无关乎如何孕育婴儿,而属于整个"设计师时代"的一部分——在富裕的西方国家,"设计师"一词本意味着价格昂贵、专属专享,"从设计师牛仔裤、设计师厨房、设计师床上用品、设计师意大利面食、设计师饮用水到设计师短须、设计师宠物、设计(师)婴儿,几乎什么产品都能冠上这名堂"。设计(师)婴儿是"一个完美的小家伙,现实版的椰菜娃娃"*,"出生在有着成套匹配的窗帘、婴儿床罩、尿垫和豪华婴儿车的世界里",周遭有着不计其数的高档名牌婴儿用品,从"身体喷雾、乳液、婴儿油到洗发香波、香水、润唇膏和特制肥皂"。

这种营销狂热源于当时富裕的中产阶级父母选择生育更少孩子,往孩子身上投资更多金钱及其他资源。在投资过程中,他们对"完美"孩子的渴望也随之增加,社会规范和文化规范亦开始变化,形成将婴儿和儿童视为商品或产品的习惯。

在技术方面,随着社会规范和文化规范变化,准父母更愿意进行产

---

* 椰菜娃娃(Cabbage Patch Doll)是奥尔康公司创造的一个别出心裁的推销术,根据欧美玩具市场正由"电子型""智力性"转向"温柔性"的趋势,采用先进的电脑技术,设计出了千人千面的"椰菜娃娃"。这些娃娃具有不同的发型、发色、容貌、服饰,千姿百态,可供人们任意"领养"。——译者

前检查,对诊断出遗传异常的胎儿终止妊娠。此外,对精子筛选的需求也有所增加,以满足准父母对特定性别的孩子的期望。同时,诸如"精子选择库"(也被称为诺贝尔奖精子库)等诊所提出了选育的可能性。自然而然,随着以上提及的以及其他基因技术和生殖技术日益普及,人们不禁预测,未来的准父母将能在基因"超市"里购买设计婴儿或"定做"经过基因设计的婴儿。

时至20世纪80年代中后期,人们开始将"设计婴儿"一词追溯至世界首个"试管婴儿"路易丝·布朗(Louise Brown)。1978年7月,路易丝出生于英格兰。通过体外受精,她诞生自一个在其母亲体外创造的胚胎。她出生后,公众对这一突破兴奋雀跃,报纸上的头版头条都是"人类奇迹""世纪宝贝"或"首个试管婴儿"。其时,还没有人提及"设计婴儿",设计婴儿的时代尚未到来。

在路易丝出生前,布朗夫妇花了9年时间试着以正常方式受孕,但布朗太太的输卵管阻塞,其丈夫的精子无法到达卵子所在处。与此同时,生理学家爱德华兹(Robert Edwards)和妇产科医生斯特普托(Patrick Steptoe)一直尝试通过体外受精规避输卵管阻塞的难题。1969年,爱德华兹首次宣告成功在体外培养人类胚胎,但自那时起的近10年间,他和斯特普托经过数百次尝试,直到路易丝·布朗出生,他们才算通过体外受精达成了足月妊娠。

体外受精是一项辅助生殖技术。首先,患者接受卵巢刺激,以增加卵巢中成熟卵子的数量。然后,从卵巢中取出卵子,放入带有精子的培养皿中等待受精。受精卵在培养皿中发育3—6天后,可将一个或多个发育中的胚胎移植到女性子宫中,以期妊娠。在体外受精技术早期,未被移植的胚胎被用于研究或教学,也可能就此丢弃或捐赠给其他夫妇。如今,还可以将胚胎冷冻以备后用。

路易丝·布朗的诞生是一项了不起的成就,临床科学家首次成功地使卵子在体外受精，并使胚胎发育成健康的孩子。体外受精起初运用于治疗因输卵管阻塞引发的不孕症，如今已被用于治疗由男性或女性的身体原因，以及由社会性因素引起的各种生育问题。例如，同性恋情侣可以利用体外受精妊娠（也称为代孕）建立家庭。现时，体外受精也是植入前遗传学诊断的平台技术。如前所述，植入前遗传学诊断是一种遗传技术，先进行胚胎筛选，而后选择胚胎进行移植。

正如在英国生活、工作的美国人类学家莎拉·富兰克林（Sarah Franklin）所言："在体外受精的窥视镜下，人类的生殖行为和生殖生物学皆大有变化。体外受精改变了人们对生命的科学认知。"在某些重要方面，体外受精也改变了我们从社会角度对家庭和亲缘关系的理解。

• • •

1990年，英国首次成功地通过植入前遗传学诊断避免患有伴性遗传病的儿童出生，"设计婴儿"一词开始被广泛使用。伴性遗传病由性染色体之一（X染色体或Y染色体）上的错误基因引发，迪谢内肌营养不良——一种罕见、造成肌肉损耗、主要影响男孩的遗传病便是例子之一。迪谢内肌营养不良的症状通常自3—5岁显现，患者腿部和臀部的肌肉无力。到12岁，大多数男孩无法行走，用于呼吸的肌肉和心肌力量减弱。倘提供先进的呼吸和心脏护理，患者可以活到30多岁。引入植入前遗传学诊断鉴定体外受精的胚胎性别后，便可能避免患有伴性遗传病（例如迪谢内肌营养不良）的儿童诞生。

时至1992年，在英国，植入前遗传学诊断首次应用于避免患有囊性纤维化的孩子诞生。米歇尔（Michelle）和保罗·奥布莱恩（Paul O'Brien）夫妇均携带有缺陷的*CFTR*基因，这意味着他们各自有一个该基因的缺陷拷贝。他们的第一个儿子继承了两个有缺陷的*CFTR*基因——一个来自父亲，一个来自母亲，由此患上囊性纤维化。当奥布莱恩夫妇决定孕育第二个孩子，他们终于能够使用植入前遗传学诊断选择没有*CFTR*基因缺陷的胚胎，确保第二个孩子不会遗传囊性纤维化。

最初，植入前遗传学诊断针对早期胚胎，在“8细胞阶段”进行，如今则在5—6天大的胚胎上进行，从滋养外胚层（发育中的胚胎外层）中取出几个细胞并进行基因分型。具有不良遗传性状的胚胎将被丢弃，用于研究或指导体外受精过程。剩余的胚胎（无不良性状的胚胎）可移植至母体以期开始妊娠。他们便是所谓的“点菜婴儿”（区别于“设计婴儿”）。

对于有可能生育带有遗传病孩子的女性而言，比起绒毛活检术或羊膜腔穿刺术等产前检查，植入前遗传学诊断可以在妊娠开始之前进行，便成为更受欢迎的方案。希望避免分娩患有遗传病孩子的女性可使用植入前遗传学诊断，仅植入无疾病风险的胚胎，而无需在妊娠开始后等待产前检查时方确定婴儿是否健康。

现时，植入前遗传学诊断用于鉴定伴性疾病（例如迪谢内肌营养不良和血友病），以及单基因病（例如囊性纤维化、地中海贫血和亨廷顿病）。它也可用于识别具有准父母希望避免的遗传特征的胚胎，包括轻微的遗传异常和正常但不需要的性状。例如在某些国家和地区，植入前遗传学诊断用于胚胎性别鉴定，目的并非避免患有伴性疾病的孩子出生，而是满足对男孩或女孩的性别偏好。

到了20世纪90年代末，媒体报道及学术界每逢提及“具有定制特征的婴儿”，总不免用到“设计婴儿”一词。可总体而言，直到2000年8月亚当·纳什（Adam Nash）出生前，“设计婴儿”仅仅是一个通用术语。

美国小女孩莫莉·纳什（Molly Nash）患有范科尼贫血症，这是一种*FANCC*基因突变引起的罕见且致命的遗传病，她得靠输血维持生命。莫莉需要进行造血干细胞移植以治疗疾病，但无法找到合适的捐献者。于是，她的父母决定再生一个孩子，作为莫莉的捐献者。计划如下：首先利用体外受精创造多个胚胎，而后结合植入前遗传学诊断与人类白细胞抗原检测结果，鉴定无病（没有范科尼贫血症）且与莫莉组织相容(HLA匹配)的胚胎。只有这些胚胎才会被移植到纳什太太的子宫中,以期生出一个能拯救莫莉的孩子。

最终,一共经历了4个体外受精周期,创造了33个胚胎,才获得成功。第一个体外受精周期创造了7个胚胎,其中只有2个没有患病基因且HLA匹配,可用于胚胎移植。第二个周期创造了4个胚胎,其中只有1个胚胎没有患病基因且HLA匹配。第三个周期共创造8个胚胎,同样,只有1个无病且HLA匹配。第四个周期创造了14个胚胎,与之前两个周期一样,只有1个无病且HLA匹配的胚胎可用于移植。幸运的是,在第四个周期中,茉莉的母亲怀孕并诞下一个健康的男婴亚当。他出生后,胎盘和脐带血被用于莫莉的干细胞移植。治疗成功了。

在世界各地,亚当·纳什被誉为世界首个"救世主兄弟"和首个"设计婴儿"。然而,从某些重要方面考量,把亚当·纳什称为设计婴儿,其实并不准确。亚当·纳什是基因选择而非基因修饰的结果,他的诞生具备目的、计划和意图,但没有经过刻意的"设计"。此外,1990—2000年间,在体外受精和植入前遗传学诊断帮助下许多婴儿诞生,却没有一个被贴上"设计婴儿"的标签。这些婴儿与亚当·纳什之间唯一的区别在于,在他的病例里,植入前遗传学诊断与HLA抗原检测相结合,既可以"剔除"不良性状(范科尼贫血症),也可以"选择"理想性状(HLA相容)。

跟路易丝·布朗一样,亚当·纳什的出生也涉及胚胎选择,但不涉及刻意的基因设计。尽管如此,他的诞生依然在"设计婴儿"的历史上画下浓墨重彩的一笔。自他诞生后,我们能轻松想象未来的准父母如何从遗传选择转向遗传设计,从避免不想要的遗传性状转向引入想要的遗传性状。当时媒体也的确报道了未来儿童商品化的可能性,父母可选择"购买"某种眼睛或头发颜色的孩子,也能选择身高更挺拔、运动能力更强、智力更高的孩子。如今,美国的生育中心(美国生殖科学研究所的洛杉矶分所与纽约分所)正为准父母提供类似服务,除了性别选择和基因健康筛查外，他们还提供消费者导向的服务，让准父母根据其中一方的遗传标记选择褐色、蓝色或绿色眼睛的孩子。正如康福特所描述，现代优生主义者认为自我设计未尝不可："我们可以选择自己的性状、自己的个性，可以预防疾病和弱点……他们会问，既然如此，为什么不能根据我们的想法和品味来设计孩子呢？"

• • •

只有经过刻意基因设计而非基因选择诞生的婴儿才是真正的设计婴儿：他们出生自线粒体DNA或核DNA经过有目的地改造的胚胎。（线粒体DNA是线粒体中包含的DNA，线粒体位于细胞核周围的细胞质内。核DNA是细胞核中包含的DNA。）在全球范围内，真正的设计婴儿数量极少。据估计，可能有大约50名婴儿出生自线粒体DNA成分被有意改造的胚胎，仅2名婴儿出生自核DNA被有意改造的胚胎。

第一代设计婴儿，即所谓的三亲婴儿，由三人而非正常两人的遗传物质生成的胚胎发育而成。达成这一突破的试验技术被称为卵质移植，试验对象为反复植入失败和胚胎发育不良的不孕女性，在受精前从健康的供体卵中取出少量（包含线粒体DNA的）卵质，注入患者卵中。

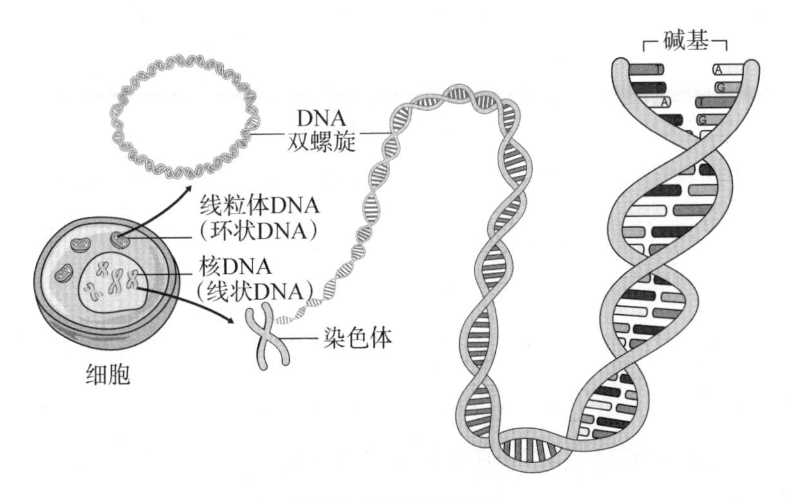


线粒体DNA和核DNA

经过卵质移植的首次成功分娩于1997年报道，其时被称为“第一例生成正常健康儿童的人类生殖系基因修饰”。1997—2001年，全球共约30名儿童通过卵质移植出生，其中17名诞生于新泽西州利文斯顿的圣巴拿巴医学中心。2001年，该技术在美国停用，起因在于同年7月，美国食品药品监督管理局发信要求从事该项工作的生育专家向新药研究计划提交正式申请，请求允许继续进行临床试验。研究人员投票后决定拒绝，理由是既没有动力，也缺乏财力去支付食品药品监督管理局审查程序的费用。2016年，一项调查出生于圣巴拿巴医学中心的儿童的随访研究发表，研究表明，在当年的试验儿童（2016年时13—18岁）中并未发现因卵质移植而产生明显不良影响。

在那以后，另一种改造未受精卵或受精卵中线粒体DNA组成的实验技术已开发完成，旨在防止由线粒体DNA缺陷引起的线粒体疾病的传播。多数线粒体疾病由核DNA缺陷引起，但某些线粒体疾病由母体遗传的线粒体DNA缺陷引发。这类疾病尽管相对罕见，但可能非常严重，患者肌肉无力、失明且心力衰竭，其中一些疾病甚至能致命。目前，尚无针对这类疾病的治疗方案。

研究人员认为，可以通过将线粒体DNA有缺陷的未受精卵或受精卵中的核DNA转移到核DNA已被移除的无病未受精卵或受精卵（即去核供体卵）中，以预防母体遗传的线粒体疾病。以上程序通常需要母体纺锤体移植和原核移植技术。采用这两种技术（有时统称为线粒体替代疗法、线粒体替代技术或线粒体捐赠）后，可以将重组卵移植到受赠母亲或代孕母亲体内，以期实现妊娠并产下健康的孩子。

通过母体纺锤体移植，从受赠母亲的未受精卵中取出核DNA（呈纺锤状排列），并丢弃其带有缺陷线粒体DNA的去核卵。同时，从包含无病线粒体DNA的未受精卵中取出核DNA并将其丢弃。接着，将受赠母亲的核DNA转移到去核供体卵中，便可以对包含受赠母亲核DNA和供体无病线粒体DNA的重组卵进行受精，再将重建胚胎移植到女性（受赠母亲或代孕母亲）的子宫，以期开启健康的孕期。

原核移植与母体纺锤体移植的过程大致相同，但需使用受精卵。精子进入受赠母亲的卵子后，出现雄原核和雌原核（精子和卵子的未融合核DNA），将它们从细胞中移出准备用于移植，并丢弃线粒体DNA有缺陷的细胞。同时，使用带有无病线粒体DNA的供体卵产生第二个受精卵。精子进入供体卵后，出现雄原核和雌原核，将其取出并丢弃。随后将来自受赠父母的原核移植到去核细胞中。重组后的胚胎包含受赠

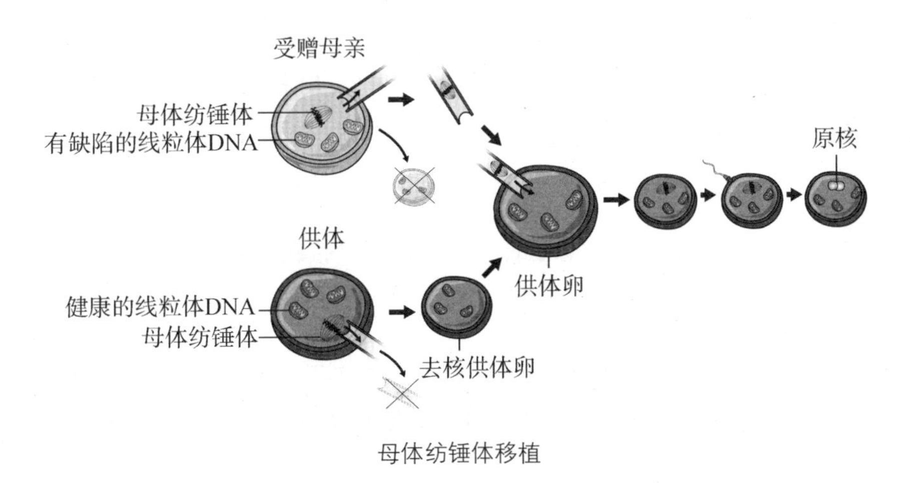


母体纺锤体移植

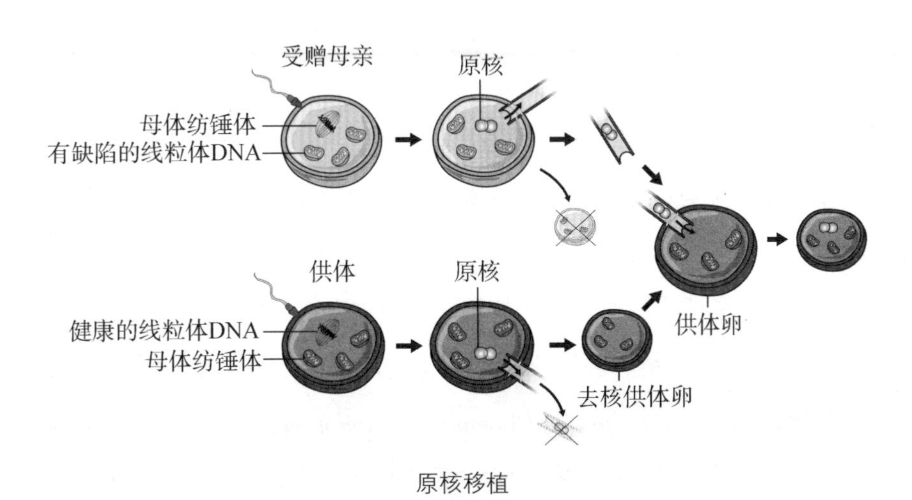


原核移植

父母的原核DNA和供体卵中无病的线粒体DNA,便可以移植到女性子宫中。

2016年4月,首次经过母体纺锤体移植的活胎生产发生在墨西哥。一对可能诞下患有利氏综合征孩子的约旦夫妇生下一个男婴。利氏综合征是一种由线粒体DNA或核DNA缺陷引起的致命神经系统疾病,患有这种罕见综合征的儿童会出现严重的肌肉和运动问题以及认知障碍,通常在幼儿时期便因呼吸衰竭而死亡。美国新希望生殖中心的张进(John Zhang)完成了创建经过基因修饰的胚胎的初始工作,但胚胎的移植和出生发生在墨西哥,因而并未违反美国联邦法律。

2017年1月,乌克兰一名女婴经过原核移植后诞生。患者接受纳季娅诊所的祖金(Valery Zukin)的治疗,她并无线粒体疾病,但患有原因不明的不孕症。此后不久,张进和祖金成立了达尔文生命-纳季娅公司,向居住在乌克兰或愿意前往乌克兰的女性推销核基因组移植(包括母体纺锤体移植和原核移植)。公司网站上声称已有"世界各地的成功案例"。2019年4月,该公司报告,其于4个国家(乌克兰、美国、以色列和瑞典)的14名患者试验成功。该项试验技术的开发和报告均相当隐秘,难以获得独立验证的信息。

2019年4月,来自西班牙"胚胎工具"的研究人员与希腊一家生育诊所——生命研究所合作,宣布经母体纺锤体移植(而非原核移植)治疗不孕症后的首例活胎生产,为核移植技术作为治疗不孕症的主要手段增加了优势。迄今为止,该技术仅有1例用以避免生出患有严重遗传病的孩子,其他案例皆用于治疗不孕症。

英国是全球唯一明确立法授权对人类进行遗传修饰的国家。2015年10月,《人类受精和胚胎学(线粒体捐赠)章程》[*Human Fertilisation and Embryology* (*Mitochondrial Donation*) *Regulation*, 2015]生效,该条例允许在存在严重线粒体疾病风险的情况下进行母体纺锤体移植和原核移植。2016年12月,人类受精和胚胎学管理局宣布,其正在接受针对线粒体捐赠临床用途的许可申请。2017年3月,纽卡斯尔生育中心成为英国首家获准提供线粒体捐赠的诊所。2018年2月,人类受精和胚胎学管理局批准了对两名患有MERRF综合征(一种神经退行性疾病)的女性进行原核移植的个人申请。到目前为止,尚未宣布有人妊娠。

尽管在英国、西班牙、希腊和乌克兰等国,涉及创建和移植基因修饰胚胎的试验似乎发展迅猛,在美国却并非如此。2017年8月,张进收到美国食品药品监督管理局的警告,称其在美国进行涉及基因修饰胚胎创建和移植的研究属违法行为,同时声明相关研究不允许出口。难怪张进转向推广乌克兰的医疗旅游。美国的其他研究人员,包括俄勒冈健康与科学大学(OHSU)的米塔利波夫(Shoukhrat Mitalipov)以及哥伦比亚大学的埃格利(Dieter Egli),均利用三亲遗传物质创造了人类胚胎。根据法律规定,该项研究尚未获得联邦资金的资助,重组的胚胎也未用于繁殖。2019年4月,埃格利声明,已为4名可能将线粒体疾病遗传给后代的女性冷冻了经重组的胚胎,希望有朝一日可以合法使用这些胚胎进行妊娠。

• • •

第二代设计婴儿——所谓的基因编辑(或基因组编辑)婴儿,是经过可遗传人类基因组编辑后出生的婴儿,其核DNA已经过基因修饰。2018年11月25日,被称为"JK"的贺建奎在YouTube宣布,全球首对CRISPR婴儿诞生。这对名为露露和娜娜(均为化名)的双胞胎基因组经过编辑,从而被赋予抵抗艾滋病病毒(HIV)感染的能力。其中涉及对*CCR5*基因进行修饰,该基因编码一种蛋白,使HIV进入细胞。据贺建奎报告,在双胞胎中的一人体内,该基因的两个拷贝均被修饰(她可能对某些形式的HIV感染具有抵抗力),而在另一人体内,该基因的其中一个拷贝被修饰(她仍然可能感染HIV)。

1998年，在露露和娜娜出生20年前，诺贝尔奖得主卡佩奇(Mario Capecchi)在加利福尼亚大学洛杉矶分校举行的名为"人类生殖系工程"的研讨会上，讨论了利用生殖系修饰来抵抗HIV感染的可能性。卡佩奇建议，比起避免基因缺陷引起的医学问题，使用人类生殖系修饰(他称之为生殖系基因疗法)增强基因的理由更为充分。他解释："这是因为涉及单个基因突变的遗传病，有更简单、更便宜、更有效的手段。"他特别提出，针对HIV感染抵抗力的基因增强可能会吸引准父母。

大约10年后，达特茅斯学院宗教研究教授格林(Ron Green)在《设计婴儿》(*Babies by Design*，2007)一书中考虑了这种可能性。他邀请读者想象：

> 我们可以发明一种基因治疗栓剂，供女性在性伴同意或不同意的情况下于性交开始前使用，使性伴的精子被一种无害、带有破坏*CCR5*基因序列的病毒感染。由此，女性孕育的任何孩子体内的所有细胞(包括性细胞)都将发生变化，使一整代儿童自然对HIV感染更具抵抗力，并极有可能将此抵抗力传递给他们的孩子。

他发问："会有人反对这种发明吗？"然后自问自答："我对此表示怀疑。"抛开其中有关科学的细节，格林对大家可能作出的反应之预测大错特错。对露露和娜娜的诞生，各界立即表达了愤慨。全球杰出的科学家纷纷指摘贺建奎藐视国际共识。同时，122位中国科学家联名签署了一份声明，强烈谴责这项研究："直接进行人体实验，只能用疯狂形容……这对于中国生物医学研究领域在全球的声誉和发展都是巨大的打击……"牛津大学的澳大利亚生命伦理学家萨弗勒斯库(Julian Savulescu)一贯主张使用体外受精和植入前遗传学诊断的准父母有道德义务通过优生选择改进子女的基因(即使这维持甚至增加了社会不平等)，即便是他也发表了新闻声明，称贺建奎的实验“道德败坏”。

• • •

那么，这种为我们带来了世界上首对基因组编辑婴儿的CRISPR技术到底是怎么一回事？它如何运作？它由西班牙微生物学家莫希卡(Francisco Mojica)于1993年发现，在2001年被命名为CRISPR。2012年，美国生物化学家杜德纳和法国微生物学家兼遗传学家沙彭蒂耶(Emmanuelle Charpentier)发现了一种使用CRISPR改变活细胞DNA的方法。其他同时期的研究者，包括在麻省理工学院-哈佛大学博德研究所的华裔美国生物化学家张锋，以及哈佛医学院的丘奇，均通过各自独立的研究，表明CRISPR基因组编辑可以与哺乳动物细胞协同工作。

相较于以前的基因组编辑技术，特别是锌指核酸酶(ZFNs)和转录激活因子样效应物核酸酶(TALENs)，CRISPR/Cas9基因组编辑系统通

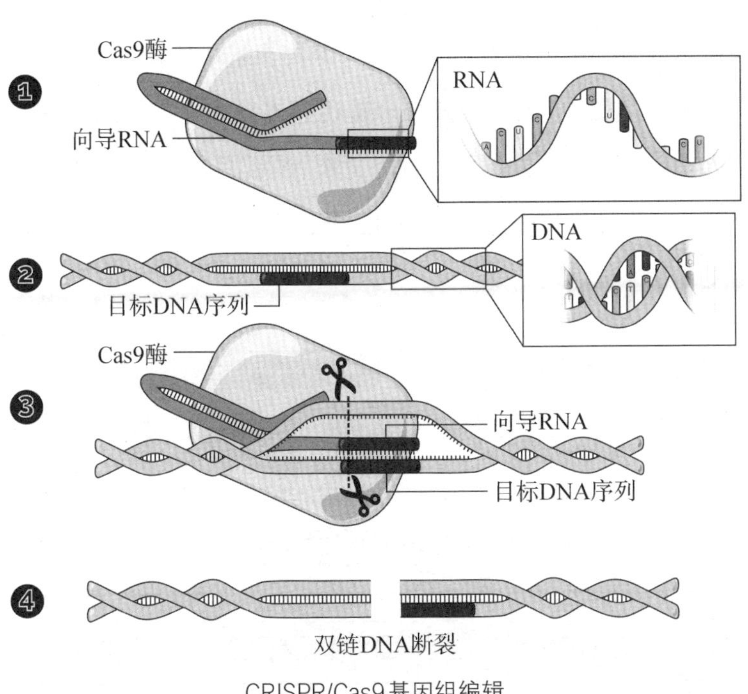


CRISPR/Cas9基因组编辑

常被认为更快速、更准确、更有效且更便宜。此基因组编辑系统由两个关键分子组成:被称为向导RNA的单链RNA(称为CRISPR)和被称为Cas9的酶(通常称为分子剪刀)。RNA跟DNA一样由4种化学碱基组成,但RNA没有胸腺嘧啶(T),而有一种叫尿嘧啶(U)的碱基;DNA是双链的,而RNA是单链的。向导RNA是包含约20个碱基的短序列,与目标DNA序列互补,它可以像维可牢尼龙搭扣般与DNA双链中的一条链配对。通过基因组编辑,单链向导RNA将"分子剪刀"Cas9"引导"至基因组中即将被剪切的双链DNA的精确点上。向导RNA找到目标DNA序列,把自身插入双螺旋的两条链之间,将其拉扯分开。然后,Cas9酶切断DNA双链。这种断裂触发了细胞的DNA修复机制,科学家可以利用该机制修复目标DNA序列。

细胞具有两种主要的DNA修复机制,可修复双链断裂。第一种修复机制称为非同源末端连接,在整个细胞周期中都处于活跃状态。它是人体非分裂细胞的主要修复机制。非同源末端连接容易出错,这是因为在修复过程中,DNA的断裂末端迅速连接在一起,导致DNA碱基的插入(获得)或缺失(丢失),如此一来,在断裂处会发生微小的DNA序列变化。这种变化可能很小,但它们可以改变遗传密码,从而使基因发生突变。

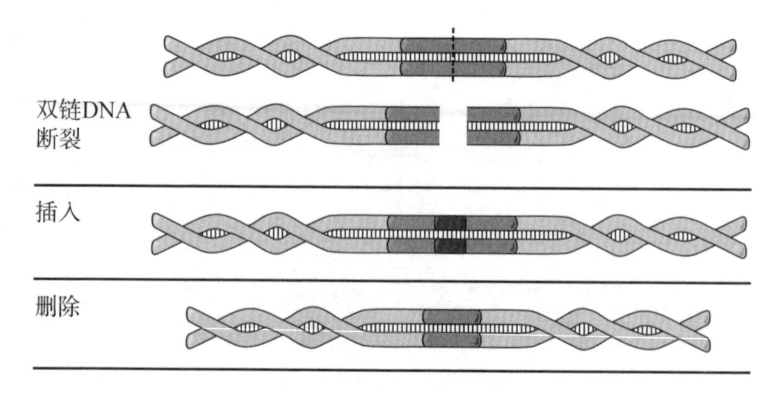


非同源末端连接

第二种DNA修复机制是同源介导修复，主要发生在分裂的细胞中。与非同源末端连接相比，这种修复过程保真度高，同时依赖于模板。当细胞利用同源重组修复双链断裂时，通常会利用细胞中基因第二个拷贝的DNA序列作为模板，将受损的DNA序列恢复到双链断裂发生前的状态。同源重组最常见的模板，是在DNA复制过程中产生的新复制的姊妹DNA链。这就是分裂细胞主要进行这种DNA修复的原因之一。

通过非同源末端连接进行基因组编辑，科学家的治疗目标可能是使一个有致病突变的缺陷基因失效。双链切割在缺陷基因DNA序列的一个精确点上进行，然后，细胞通过插入或删除少量的遗传物质来修复切口，从而导致缺陷基因被中断或"敲除"。由此产生的遗传变化的大小和顺序皆无法预测。

同源重组的治疗目的相同，也是纠正一个缺陷基因。同源重组同样需要在DNA序列的一个精确点上进行双链切割，但之后会提供一个DNA模板，如此一来，被改造的DNA序列(含一个或多个基因)可以被整合到断裂位点。经改造的DNA序列要么与人类的参考序列相匹配，要么包含实验室中创建的新序列(即合成基因)。同源重组可以修复双

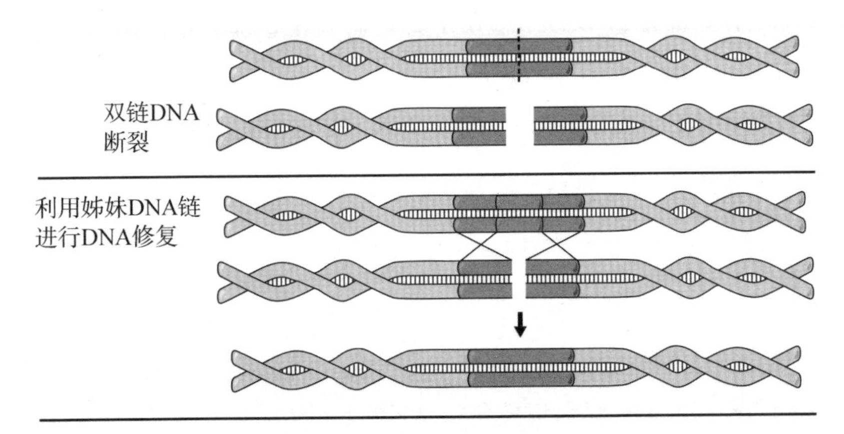


利用姊妹DNA进行同源重组

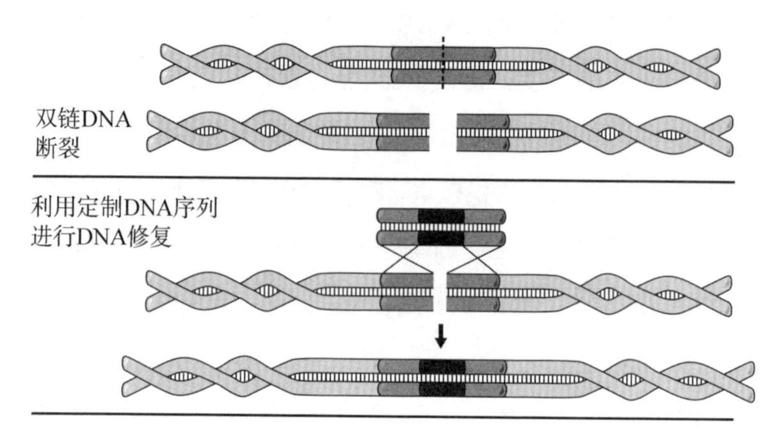


利用定制DNA进行同源重组

链断裂。通过同源重组,DNA改变的规模和顺序皆精确。但是同源重组在非分裂细胞中效率极低。这意味着它仅对分裂细胞有用,例如血液中的细胞。

• • •

预计CRISPR和类似的人类基因组编辑技术将用于改变体细胞,以治疗血液疾病、肺部疾病、肌肉萎缩性疾病和癌症等。相关研究已在进行当中。最终,体细胞基因组编辑还可用于增强某些遗传特征,例如头发的颜色和眼睛的颜色。

在生殖细胞中,该技术被用于更好地了解早期胚胎中基因的功能(即了解特定基因和特定过程的作用)。它也被用于在非人类动物中建立人类遗传病的动物模型。此外,实验室正使用涉及生殖细胞的人类基因组编辑技术,以研究如何预防后代患病。该技术在2018年使用过一次,修改用于生殖的早期人类胚胎。有朝一日,可以想象(期望)将该技术用于改善人类物种。

然而,在可预见的未来,可遗传人类基因组编辑研究很可能仅仅集中在纠正有缺陷的基因,以使婴儿"更健康",因为培育"更好"的婴儿的研究似乎支持者寥寥。例如,麦考伊及其同事在2016年的全球社交媒体调查中发现,许多人(63%)支持编辑人类胚胎以预防会危及生命或致人衰弱的疾病,但对编辑人类胚胎基因组以改变非疾病特征的支持有限(27%)。同年,亨德里克斯及其同事在荷兰进行调查,结果于2018年报道。调查发现,大多数受访者(66%)愿意使用生殖系基因组编辑来防止将神经肌肉疾病传给孩子,但仅有小部分人(16%)同意接受使用生殖系基因组编辑去提高智力。

与此同时,STAT* 和哈佛大学陈曾熙公共卫生学院于2016年以电话采访520名美国成年人,得出的发现截然不同。根据这项研究,只有26%的美国人认为"通过改变未出生婴儿的基因来降低他们患某些严重疾病的风险"应该合法(尽管44%的人认为政府应该资助这项研究)。仅11%的人认为"改变未出生婴儿的基因以改善他们的智力或身体特征"应该合法(尽管14%的人认为政府应该资助这项研究)。2018年,皮尤研究中心就对"未出生婴儿"进行基因编辑调查公众意见,总共访问了2537名美国成年人。调查发现,大多数受访者(72%)赞成改变未出生婴儿的基因,以"治疗婴儿出生时可能患有的严重疾病(症状)"。然而,当目标是选择理想性状时,极少人支持改变婴儿的遗传性状。具体来说,只有19%的受访者支持改变未出生婴儿的基因以"使婴儿更加聪明"。在美国进行的这两项研究有着同样的严重局限性,即提及"未出生婴儿"时所产生的歧义。第一项研究中,研究人员将此作为生殖系基因组编辑的委婉说法。第二项研究则是故意模棱两可,受访者可能认为调查问题涉及胎儿体细胞基因组编辑,也可能认为指的是可遗传生殖系基因组编辑。

无论如何,对于将提高认知能力的努力视作连续统一体——从教育和技术(使用计算机和互联网)开始,延伸到食物补充、改善饮食和食

---

* STAT是由美国《波士顿环球报》(*The Boston Globe*)的所有者亨利(John W. Henry)于2015年11月4日推出的美国健康新闻网站。——译者

用咖啡因,最后是编辑生殖系基因组以提高认知能力——的人而言,这种不情愿进行可遗传基因组编辑的做法可能令人困惑。部分被调查者对基因增强的不适可能出于担心健康风险。其他人可能担心机会成本和附带后果。还有一些人可能认为,提高学习和记忆本身是具有价值和启发性的锻炼,因此,使用基因组编辑使婴儿变得更聪明并非一种益处。相反,有些人则认为:"如果家长通过教育改善孩子的思想,通过整容手术改善孩子的体貌,通过自助项目和精神辅导等方式改变孩子的性格……在本质上并没有错,那么,父母通过基因增强来改良孩子,在本质上同样没有什么错。"这种观点最终很可能会占上风。值得注意的是,一项2017年的中国在线调查发现,与其他调查报告相比,中国对可遗传人类基因组编辑的支持率达40%,比起其他调查中的数据要高得多。

在那些喜欢"更好"的宝宝的人当中,有的狂热者想象着终有一天可能设计出具有千奇百怪的性状的人类,他们能够看见红外光谱从而夜视能力提高,或是能够听到非人类动物声呐的超声波范围的声音,等等。虽然这种戏剧性的转变也许并不可能,但增强运动能力或记忆力或许可以实现。然而,即便是最容易实现的目标,也是涉及数个甚至数百个基因的复杂设计。如我们随后所见,其在伦理上也有争议。

第四章

# 从“好”到“更好”

在英国伦敦的一个小型晚宴上，大家聊起了我当前最喜欢的话题之一——使用基因组编辑来创造“更好的”人类。主人塞门斯(Brian Semmens)提出一个相当有说服力的问题：“我怎么可能不想成为博尔特(Usain Bolt)？”确实，这怎么可能？博尔特获得了8枚奥运会金牌和11次世界冠军。人们普遍认为他是有史以来最伟大的短跑运动员。谁不想成为博尔特呢？

主人家并非身手敏捷、寻求竞争优势的运动员。他是一位活跃的退休绅士，曾参加包括攀岩、击剑和帆船在内的业余运动。像许多同龄人一样，他敏锐地意识到，随着年龄增长，肌肉逐渐流失，活动能力日益受限。他并没有设想使用基因组编辑技术来修复和增强衰老的肌肉，而是想象倘能安全有效地使用基因组编辑，最大限度地提高运动能力，他或他孩子的生活会怎样(或者他孙子或曾孙的生活会怎样)。

如果你对“我怎么可能不想成为博尔特？”这个反问句的答案是“你当然想了！”然后，该怎么做呢？

对于某些人而言，问题的答案非常简单：在剧烈的身心调节中训练身体。这是合理的反应，教练、营养，以及个人的动力、决心和毅力是运动成功的关键。但如果人类基因组编辑技术被证明安全有效，那么大家很可能会问：“为什么为了增加速度、体力、力量和稳定性，要实行漫长而艰巨的训练计划、严格控制饮食(包括维生素和补充剂),而不同时进行人类基因组编辑?"倘若期望的运动特性和运动能力是复杂的环境因素和遗传因素共同作用的结果,为何不尝试在两方面同时改进?确实,为什么希望得到高效能性状的人不使用人类基因组编辑增强能力?

萨弗勒斯库及同事福迪(Bennett Foddy)和克莱顿(Megan Clayton)认为,大多数精英运动员天生具有自然、不公平的遗传优势。例如退役美国游泳运动员菲尔普斯(Michael Phelps),他异常瘦长的躯干、长臂展、穿47码鞋的大脚、双关节肘部和脚踝,以及天生非典型的低水平乳酸生成,使他共获得28枚奖牌,成为历届奥运会最瞩目的运动员之一。再例如网球明星塞雷娜·威廉姆斯(Serena Williams),她体魄强健,至今拥有23个大满贯头衔和4枚奥运金牌。还有南非奥运金牌得主塞门亚(Caster Semenya),这位女子中长跑运动员有着天生非典型的高水平睾丸激素。

萨弗勒斯库及其同事支持通过基因改造提高运动成绩,以此作为公平竞争的合理途径。"体育歧视遗传上的不足。运动是遗传精英(或怪胎)的领域……某些人碰巧中了基因彩票,在体育上表现出色。"他们认为,"增强性能并不违背体育精神,这就是体育精神,选择变得更好正体现了人性。"

世界反兴奋剂机构(WADA)不同意萨弗勒斯库及其同事的见解,禁止"使用旨在改变基因组序列和/或基因表达(转录、后转录或表观遗传调控)的基因编辑剂",也禁止"使用正常细胞或转基因细胞"。虽然世界反兴奋剂机构对体育运动中基因兴奋剂的明确关注可以追溯到21世纪初,但直到现在(约20年后),随着基因组编辑可能实现,基因兴奋剂才成为突出问题。世界反兴奋剂机构担心,可能会从运动员身上提取细胞,在实验室进行基因改造,再放回运动员体内。或者,会直接在运动员体内进行基因组编辑。目前,尚无使用人类基因组编辑改善运动成绩的案例，但可以预见以后会有。

同时，部分教练已经使用基因检测改善运动表现：确定运动员的肌肉耐力、肌肉力量、受伤的风险和新陈代谢，然后使用该信息优化运动员的训练。基因检测在体育运动中的另一种用途是根据基因档案辨别有天赋的运动员。一些公司声称，他们可以为幼儿的父母提供遗传信息，以帮助他们选择孩子天生擅长的运动。几年前，一位母亲莱西(Lori Lacy)表示，这种基因检测不可避免，这不一定是因为公司鼓吹的好处，而是由于同辈压力："父母会议论纷纷，'我听说有个妈妈给儿子做了检测，也许我们也应该试试……'同辈压力和好奇心会使人发狂。要是我儿子可以成为职业足球运动员，我却毫不知情，那可怎么办?"这种向父母兜售基因检测的做法的重要之处在于，它开启了体育活动中基因操纵正常化的进程。

• • •

影响运动表现的基因可能多达200个。尽管如此，运动表现基因组增强的倡导者依然满怀希望。备受关注的基因之一是编码肌生成抑制蛋白的*MSTN*基因。肌生成抑制蛋白是肌肉生长的负调节剂，它就像肌肉组织的刹车一样，使肌肉细胞的大小和数量保持在一定范围内，于是肌肉就不会变得太大。当人类或非人类动物有一个*MSTN*基因缺陷拷贝，刹车就会失灵。肌肉细胞的大小和数量增加，肌肉质量随之增加。这可以解释比利时蓝白花牛和皮埃蒙特牛的自然增肌现象，即所谓的"双重肌肉"。这也解释了不同惠比特犬之间的自然差异。2007年，莫舍(Dana Mosher)及其同事报告，带有一个正常*MSTN*基因拷贝和一个缺陷*MSTN*基因拷贝的惠比特犬在同类中跑得最快。它们的肌肉特别发达(由于有一个*MSTN*基因的缺陷拷贝)，但又不会发达到把它们压垮(由于有一个*MSTN*基因的正常拷贝)。

某些人身上也有天生肌肉过度发达的现象。首例病例记录于2000

年,于2004年公开。在人类中,这种肌肉增大是一种罕见的遗传疾病,称为肌生成抑制蛋白相关的肌肉肥大。有传闻认为,某些天赋异禀的运动员,例如健美冠军,天生便具有低水平的肌生成抑制蛋白,甚至*MSTN*基因缺失。据说这些运动员的肌肉质量和力量比普通人高50%。

得知肌生成抑制蛋白对肌肉生长的影响,一些科学家决定修补*MSTN*基因。最早的成功案例可以追溯到1997年,其时,麦克弗伦(Alexandra McPherron)及其同事劳勒(Ann Lawler)和李世进(Se-Jin Lee)通过破坏*MSTN*基因生产了"强大的小鼠"。这些小鼠比普通小鼠更强壮,肌肉也更多。自此,科学家便将关于肌生成抑制蛋白的知识用于创造经过基因组编辑的农场动物和宠物,包括肌肉特别发达的牛、绵羊、山羊、猪、兔和狗。但是,这些动物存在一些问题,例如在某些情况下,它们寿命会有所缩短。最近,有报道声称科学家已开始在克隆马胚胎中进行基因组编辑实验,以此设计跑得更快、跳跃能力更出色的马。鉴于已有了这些针对非人类动物的研究成果,我们有理由发问:"科学家何时会尝试改造人类的*MSTN*基因以提高运动表现?"对此,也许我们可以回顾蔡纳在2017年国际合成生物学论坛上的自我实验,其时,他将CRISPR基因组编辑制剂注入自己体内以删除*MSTN*基因,试图令前臂长出更大的肌肉。

对于改造人类,其中一个希望是通过使*MSTN*基因的一个拷贝失活,创造更好的短跑运动员。尽管在小鼠身上进行的研究并不成功,但那并没有减弱人们通过操纵*MSTN*基因提高人类运动能力的热情。另一个想法是,通过使*MSTN*基因的两个拷贝失活来培养更强的健美运动员和举重运动员。

• • •

许多争论人类基因组编辑伦理的人都把治疗和增强之间的区别归结为,例如修饰*MSTN*基因以治疗肌营养不良与修饰相同基因以改善运动表现之间的区别。他们认为,在第一种情况下,基因组编辑在道德上可以接受,但出于意图上的差异,第二种情况在道德上不可接受。

然而,治疗和增强之间的所谓区别毫无意义。从某种意义上而言,所有治疗都是增强,因为所有治疗都旨在通过纠正与"正常"能力(有时称为"正常物种功能"或"物种典型功能")相关的实体缺陷或感知缺陷来改善个体。由此,所有人类基因组编辑都是一种增强,只是某些增强与健康相关,某些增强与健康无关;其中一些旨在"治疗",而另一些旨在"防止"。

治疗和强化的区别不仅不能作为描述性的分界线,也不能作为道德上的分界线。例如,利用体细胞人类基因组进行编辑,可以使一个比同龄人矮小的男孩长高。小男孩长得矮,有可能是因为激素缺乏,也有可能因为亲生父母身高矮,遗传如此便长得矮。有人认为,将人类基因组编辑用于纠正激素缺乏的治疗在伦理上可以接受,而将人类基因组编辑用于纠正遗传性矮小身材则属于增强,在伦理上不可接受(或存疑)。可是,这种分类存在争议。例如,可以认为这两种情况都涉及治疗,目的都是改善健康。第一种情况针对激素缺乏进行治疗,激素缺乏不仅会影响身高,还会引起各种生理异常。在第二种情况下,根据世界卫生组织对健康的定义,即"一种生理、心理和社会完全健康的状态,而不仅仅是没有疾病或虚弱的状态",治疗将改善精神健康与情感健康。极端矮小的男孩和女孩需忍受戏弄和欺负,长大后可能还会遭受身高歧视。这些经历会对其自尊产生负面影响,进而影响心理健康和幸福感。

反之,将以上两种情况都视作增强,也合情合理。两种情况的共同目标都是将身高增加到所属群体的"正常"范围,从而减少(如果不能消除)通常与身材矮小有关的社会劣势和心理劣势。从这个角度来看,两种情况在伦理上既可以接受,也不可接受。

与之形成鲜明对比的是，有理由认为，利用人类基因组编辑让已经处于身高谱高端（甚至是在“正常”身高范围内）的人再长高几厘米，让他们在篮球场上表现出色，在伦理上可能值得怀疑（倘若并非在伦理上不可接受）。在此情况下，就伦理而言，问题并非这种基因干预可被容易地归类为非健康相关的增强，而是这种干预可能会降低平等性、可及性和公平性。

接下来考虑另一个关于可遗传基因组增强的情景，其目标是增加平等性、可及性和公平性。一对非洲裔美国夫妇坚信，他们有道德义务尽可能给孩子“最好的生活”，便决定使用可遗传基因组编辑改变未来孩子的肤色。他们认为白皮肤可取，而黑皮肤不受欢迎，这并非出于审美，而是由于存在已久的种族歧视。他们还深信，改变孩子的肤色将提高他们的生活质量，例如，让孩子有更好的教育机会和就业机会。除此以外，考虑到美国年轻黑人男性的高死亡风险，他们相信这种生殖系基因修饰甚至可能延长儿子的预期寿命。鉴于无处不在的“**不公正**的态度和行为”，这对准父母意图修饰原本健康的胚胎的基因，使子女不会遭受种族歧视且可能延长寿命，这在伦理上可以接受（甚至有义务）吗？

面对这个具有争议性的问题，我的回答是“不可以”。我确实认为，在许多国家，黑人的处境极不公平。然而，我真诚地怀疑，用生物学方法来回避这种不公正是否是一种健全的解决方案。美国儿童作家苏斯博士（Dr. Seuss）十分理解这个问题，我向读者推荐他关于宽容、差异和妥协的故事。我特别喜欢《史尼奇》（*The Sneetches*，1953）。这部强而有力的讽刺作品讲述了一群黄色梨形鸟状生物的故事，其中一些生物腹部上有绿色星星，其他的则没有，它们以此作为社会歧视的标志。当资本家老大麦克贝恩（Sylvester McMonkey McBean）带着他的有星／无星机来到镇上，一切都乱作一团。

以上例子表明，所有治疗都是增强（尽管并非所有增强都是治疗），而且，仅仅从定义上讲，并非所有增强在伦理上都不可接受。因此，我们不应默认治疗在伦理上几乎可以接受，同时增强在伦理上存疑，而应先区分与健康相关的干预措施（例如，无论出于什么原因针对身材矮小的基因组编辑）与非健康干预措施（如通过基因组编辑提高运动成绩），再独立评估任何拟干预措施的伦理价值。

在《人类基因治疗的伦理》（*The Ethics of Human Gene Therapy*）一书中，沃尔特斯（LeRoy Walters）和帕尔默（Julie Gage Palmer）为健康相关和非健康相关的身体、智力和道德特征增强提供了具有参考价值的例子。在他们看来，改善免疫系统的一般功能是一种与健康相关的增强——与体力和寿命等身体特征有关的增强，而帮助没有患上嗜睡症的人减少睡眠时间则是一种非健康相关的增强。在智力特征（智力或智力的组成部分，例如记忆）方面，消除与阿尔茨海默病（又称老年性痴呆）相关的基因是一种与健康相关的增强，而提高长期记忆的效率则是非健康相关的增强。在道德特征方面（对他人的态度和行为方面），消除与反社会倾向相关的基因是与健康相关的增强，使人“友善”则是非健康相关的增强。如果仔细检查沃尔特斯和帕尔默提供的清单，大可合理地得出结论，其上列出的所有健康相关和非健康相关的增强在伦理上俱可以接受。这表明，从定义上讲，增强（无论是健康相关抑或非健康相关）在道德上并非不可接受。

在介绍以上示例时，我的主要观点是我们必须摒弃以下直觉：当人类基因组编辑用于治疗或预防，在伦理上可以接受；当人类基因组编辑用于增强，则在伦理上不可接受（或者至少在伦理上存疑）。这种直觉存在很大问题，因其会阻挠我们正确地处理新兴技术伦理议题。

• • •

目前，针对出于健康相关或非健康相关目的的可遗传人类基因组编辑，我既非热情的支持者，亦非坚定的反对者。简而言之，我相信科学可以帮助我们开发有用、安全、有效的技术(其中可能包括可遗传人类基因组编辑),使我们的生活变得更好。但是,在评估可遗传人类基因组编辑的优点时,考虑到该技术可以发挥的个人、社会、文化、政治、经济、生态和进化作用,我对它的可能用途有诸多担忧。

首先,我担心我们对基因相关事物的研究方法会宣扬"我们的基因即我们本身"的错误信念,从而掩盖真相:我们的某些基因与其他基因和细胞过程,与其他身体机制,与外部社交和自然环境,皆以我们尚未完全理解的复杂方式相互作用。"我们即我们的基因"这一神话(信奉遗传决定论),从媒体对"基因这,基因那"的无休止报道便可看得一清二楚。这些报道一概没有解释,其实所有性状都由多种因素决定。各种环境和遗传的原因、影响所组成的复杂网络决定着我们的性状,其中环境因素包括从受孕开始后的所有非遗传因素。

让我们回到身高的例子。身高这种性状在某种程度上是遗传的结果:高个子父母经常生出高个子孩子。但即便父母是高个子,如果孩子受饥,身高也会变矮。此外,在群体水平上,我们可以看到由于产前保健、营养水平和医疗卫生的改善,身高也随之变化。同样,尽管智力具有明显的遗传成分,但环境也有重要作用,这就是社会对公共教育进行投资的原因,也是拥有额外资源的父母会雇用家教或支付私人教育费用的理由。考虑到影响身高和智力的遗传之外的因素,以可遗传人类基因组编辑控制子孙后代的身高和智力似乎并非负责任的建议。但这恰恰成了所提出的建议,因为现时支持可遗传人类基因组编辑的主流说辞支持了该建议。这些主流说辞将继续促进基因崇拜,进一步巩固基因决定论和基因本质论。

其次,我担心随着可遗传人类基因组编辑的引入,会导致更严重的社会不平等和健康不平等。例如,我们知道可以通过产前护理、健康饮食和运动来提高身高和智力,而教育是通过改善记忆力和学识来增强智力的一个好方法。然而,我们仍然无法确保让每一个人都公平地获得这些环境改善措施。我预计可遗传人类基因组编辑也将如此,最终会加剧现有的社会不平等。有些人却不受这种担忧干扰。例如,英国哲学家哈里斯认为:“我们无法向每个人提供某样东西,这并不构成不向任何人提供这样东西的理由,特别是当我们提供的是对严重疾病的防护。”

我们生活在一个容忍——甚至颂扬——在社会、经济上优势和劣势分配不均的世界。在这个世界里,只有极少数极其有财有势的人(通常被称为1%的人群)蓬勃发展,其他许多人(99%的人群)的利益却被牺牲了。反对可遗传人类基因组编辑的人担心,对基因组编辑技术的不平等利用,既会加剧由基因带来的各种差异,也会导致不公正的基因鸿沟,反映出当前富人和穷人之间、富国和穷国之间不公正的经济和社会鸿沟。这种发展将创造遗传阶级,从而进一步加剧“富人”(haves)和“穷人”(havenots)之间日益扩大的差距。正如普林斯顿大学生物学家西尔弗(Lee Silver)所言:

> 基因增强的使用可能大大增加世界上“富人”与“穷人”之间的差距,社会内部阶级之间的鸿沟可能开始出现。但是,当生殖遗传学的成本下降,如此前计算机和电信成本下降,西方和其他工业化国家的大多数人便能负担得起……到时,富裕国家维持的经济优势和社会优势可能扩展为遗传优势。富国和穷国之间的鸿沟随着每一代人进一步扩大,直到所有人类共同财产皆不复存在。不受约束的全球资本主义最终也许只留下被割裂的人类群体。

除此以外,我还担心社会对各种差异与可见瑕疵会愈加不宽容,我相信可遗传人类基因组编辑将加剧这种情况。几年前,我开设了一个名为"影响伦理"的共享伦理博客,经常邀请投稿人分享他们对在伦理上有争议的问题的看法。布兰克迈耶·伯克(Teresa Blankmeyer Burke)是一位哲学家和生命伦理学家,供职于华盛顿特区一所专门为聋哑和有听力障碍的学生设立的文科学院,她在博客上发表了几篇文章,内容有关开发基因疗法和基因组编辑以消除遗传性耳聋。在她看来,这些技术构成对聋人社群的严重威胁,可能会导致文化灭绝。她解释,试图"治疗遗传性耳聋将导致耳聋儿童人数减少。而这将大大减少一个繁荣的社群所需的手语聋人的数量,最终导致社群消亡。"布兰克迈耶·伯克的博客文章《基因治疗——对聋人社群的威胁?》发表于2017年3月,被包括"热街"(Heat Street)和"每日传讯"(Daily Caller)* 在内的几家另类右翼网站收录。由于她的博客文章,布兰克迈耶·伯克收到了大量威胁性的恐吓信,包括同一个人在几天内发出的攻击性信息。

2017年10月,在事件发生几个月后,我写了一篇博客,其中提及可遗传人类基因组编辑可能带来的负面后果。参考布兰克迈耶·伯克等人的文章,我写道:

> 在选择得到或去除特定性状(特定特征和所需品质)的过程中,歧视(例如种族主义、能力歧视、性别歧视)和污名化的风险大大增加。在某种程度上,这是由于对什么算是严重的遗传病还没有达成一致理解。例如,某些人认为遗传性耳聋是一种严重的遗传病,手语聋人社群的成员则不同意。聋人担心,基因编辑将被用于消灭他们的社会社群及语言社群。他们认为,旨在消除遗传性耳聋的研究是一种文化灭绝形式。具体来说,他们担心,如果社会公然努力确保聋人不再出

---

* 每日传讯是一家总部设在华盛顿的新闻网站,由塔克·卡尔森(Tucker Carlson)于2010年创办,是一家自由主义保守评论媒体,网站内容涵盖政治、商业、娱乐、体育、教育、科技、户外和能源。——译者

> 生，聋人数量将减少，也将遭受更多歧视。歧视可能表现为不断努力消除手语，以及加大同化力度。
>
> 差异是一种重要的社会均衡器，它减少了“排除”与众不同的人的可能性。倘若通过“修正”差异使一个群体同质化，那离群且易于辨别的人便会愈加边缘化。造成这种边缘化的，正是起初证明哪些性状需要被纠正的那批价值观。

一位学术界的同事给我发来电子邮件作为回应，其中指出：“与婴儿痛苦早夭相比，先天性耳聋的例子既陈旧又琐碎。是时候聆听、听取这个国家里除了勒德分子*以外的人的意见了。”

虽然先天性耳聋的例子确实已被学者讨论了20多年（这些学者并不把耳聋等同于有缺陷的存在方式，并反对“治疗”或“治愈”耳聋），可是，这不代表这一论点已经无效或者不再重要。关键是，我们对“正常”的定义是社会建构的，而并非所有人都将耳聋视为缺陷或不足。聋哑社群的成员（及其盟友）担心，消除未来儿童的耳聋，从而使他们脱离聋哑社群，可能会带来危害。

对以上博客文章的回应令人担忧。它们显示，进行相互尊重的公众讨论和辩论的机会有限，低于民主社会预期。致力于平等和个人自由的理性群众理应可以表达不同意，同时对互相学习的可能性保持开放态度。如果仅仅表达聋人社群成员的价值观便会引起刻薄偏执的意见，真不敢想象，在人类听觉主流文化社群说服大多数准父母增强孩子的基因组以确保“物种典型听觉”甚至“增强非典型听觉”的未来世界里，（出于主观选择或客观条件）具有未修饰人类基因组的聋人会经历什么。

---

* 勒德分子（Luddite）是19世纪英国工业革命时期，因为机器代替了人力而失业的技术工人。现在引申为持有反机械化及反自动化观点的人。——译者

更普遍地说，我担心，随着我们改变人类生物学，将同时（起初是无意识地）改变人际关系，即我们如何看待彼此，如何相互联系，如何相互扶持。倘若可遗传人类基因组编辑成为主流选择，那在我们最需要社会合作与社会凝聚之时，反倒是它们遭受威胁的时刻。意识到这一点，我们必须牢记可遗传人类基因组编辑对人类个体和人类整体的可预见影响，而那不仅限于生物学方面，还包括社会学方面。

• • •

我们生活在一个竞争激烈，责成父母改善环境使孩子生活得更好的世界里。在这个世界，父母为子女提供：

> 增强针对特定疾病的免疫反应的疫苗；良好的营养以促进身体发育；良好的教育以提高智力、社会交往和其他能力；音乐课以提升手部灵活度和数学能力；舞蹈课和体操课以改善平衡与姿势；运动训练（和/或类固醇）以增强运动能力，强健肌肉质量并提升力量；整容手术以改善外观。

在此模式下，倘可遗传人类基因组编辑被证明安全有效，则可以合理预期，准父母会希望该技术对他们的孩子有益，首先出于健康相关目的，随之出于非健康相关目的。与所有消费品一样，某些准父母可以负担这项技术，某些准父母负债购买他们负担不起的东西，还有某些准父母将完全被排除在外。

我预想在不久的将来，将进行限于消除或纠正“严重”致病突变的干预的体细胞人类基因组编辑临床试验。倘干预措施成功，出于健康相关目的的体细胞人类基因组编辑将进入临床阶段（如前所述，极可能只有少数人可以使用且可以获取）。当该技术逐渐用于改善有能力承担相应费用的患者的生活，忧虑便会开始消退。渐渐地，何为引起疾病的“严重”突变，其意义范围将变得更有弹性，转而表示“不理想”或“不想要"的突变，其中可能包括从非常琐碎到非常严重的一系列性状。这也不难预料，因为"严重"是一个主观概念，其含义随着不断变化的历史、个人、社会、文化和政治环境而改变。由此，体细胞人类基因组编辑将主要被有财有势的小部分人用于健康相关及非健康相关的目的。

逐渐地，一些人将面临压力，要求取消或修改对可遗传人类基因组编辑的禁令或限制，以解决代代相传的健康相关问题。如前所述，有人会认为，从效率（以及可能的成本效益）来看，仅仅纠正患者的"严重"致病突变实在没道理，因为他们还是会将这种突变传给下一代，下一代也需要同样的治疗。

经过一番道德挣扎，无论将可遗传人类基因组编辑用于健康相关目的还是非健康相关目的，都将引发争议。相关应用可能从改变没有致病突变但仍然会产生有害后果的基因开始。一个例子是对基因组进行编辑，以增加因为正常遗传而非遗传疾病导致的身材矮小者的身高。另一方面，最初转向非健康相关的遗传基因组编辑可能涉及身体上的改变以提高运动能力，或是改变容貌，例如头发或眼睛的颜色。在任何情况下，都可以预见一种熟悉的模式："最初是谴责，而后是不置可否、质疑和有限制地使用，随之是公众观念的改变，提出主张，**最终**是被广泛接受。"如此一来，非健康相关的可遗传人类基因组编辑将成为一种消费品，将主要（若非唯独）提供给有财有势、有意通过操纵基因来增加个人利益和社会资本的人。

随着时间流逝，经验逐渐丰富，人类基因组编辑的明确目标将变成人类转化。这种现代的优生工程可能由专制政府自上而下地实施，以改善人口遗传。（最近俄罗斯的由国家赞助体育运动的兴奋剂计划使这一想法不难想象。）或者（或除此以外），准父母行使所谓的生殖自由时，可能会不经意地实现优生目标。在民主国家，可以预见，富裕的准父母决定对后代进行哪些基因改变时，将自下而上地决定使用可遗传人类基因组编辑。这些父母不会在真空环境中作出选择。他们将根据社会规范和偏见,决定某些性状(特征和能力)可取,另一些不可取。日积月累,这些表面上属于个人的生殖选择将使我们对"完美"和"不完美"的偏见一清二楚,从而揭示并决定我们作为人类是怎样的人,将成为怎样的人。

几年前,政治科学家,美国科学促进会科学责任、人权与法律计划主任弗兰克尔(Mark Frankel)坚持,市场和自由选择——而非政府——将促进可遗传人类基因组编辑:

> 阿道司·赫胥黎(Aldous Huxley)在其1932年的《美丽新世界》(*Brave New World*)中使我们相信,当涉及我们的基因和生殖的未来,最可怕的噩梦是政府对生殖活动的参与,以及一个不尊重个人决策价值的社会。但是,在我们进入21世纪之初,更大的危险……是受到进取精神和大量父母自由选择推动的高度个性化的市场,它可能使我们慢慢走上放弃进化彩票,转而支持有目的的基因修饰的道路。遗传学上的种种发现并没有强加于我们身上,相反,将作为我们赖以生存的东西,由市场贩卖给我们。

最近,历史学家凯夫利斯(Daniel Kevles)也提出类似观点。2015年12月,他在美国政治新闻网站"政治"(Politico)上写道:

> 优生学(无论这次我们给它取什么名字)可能要卷土重来,只不过在民主消费文化的动力下,形成一种新的个人形式。这可并非我危言耸听。
>
> 现在所发生的一切比起过去自上而下、由国家主导的种族计划,要远为自下而上地进行着,个人和家庭受到生物技术产业的鼓励——生物技术产业在优生学时代还没出现——选

择编辑基因以预防疾病，提高能力，或改善容貌。

凯夫利斯相信，商业利益与消费者利益将相吻合。准父母会对营销活动作出积极回应，以了解哪些性状可赋予未来的孩子，正如此前不久，他们积极响应产前基因检测和植入前遗传学诊断的营销，避免某些孩子诞生。他们的生育选择将取决于主流的社会规范和文化规范——受到历史和当代习俗、政策和实践决定的规范，从而决定哪些性状可取，哪些性状不可取。如此一来，准父母的选择正符合社会学家对此的担忧，如康迪特（Celeste Condit）在《基因的意义》（*The Meanings of the Gene*）一书中所言："20世纪初，优生学意图明目张胆地进入家家户户，却被断然拒绝……可现在，通过父母选择和医疗操纵，它已偷偷从后门进入并牢牢扎根。"

• • •

"优生学"一词由英国大学者弗朗西斯·高尔顿爵士（Sir Francis Galton）于1883年提出。高尔顿以其对人类身体变化的研究以及对智力遗传的兴趣而广为人知。最初，优生学指的是一系列旨在提高人类基因库质量的社会和生殖实践。其中一些做法，目的在于提高具有可遗传理想性状的人的有性繁殖率（积极优生学）；另一些做法，包括结婚限制和强制绝育，俱试图降低具有不良遗传性状的人的有性繁殖率（消极优生学）。

以前，生殖选择和基因选择包括绝育、避孕、产前检查后进行流产，以及供体受精（以前称为人工授精）。这些策略中的前三个旨在减少人类群体的不良性状，最后一种选择，即供体受精，旨在增加人类群体的理想性状。如今，对于具有优生目标并明确希望改变基因在人口中的分布的人而言，积极优生学和消极优生学的选择皆显著增加，其中包括：产前筛查和检测，如无细胞DNA检测遗传异常（称为无创性产前检查)、绒毛活检术和羊膜腔穿刺术;先进行植入前遗传学诊断,再进行胚胎选择和移植;含有或不含供体卵子或精子的体外受精;合同怀孕(也称为代孕),即女性同意为他人孕育孩子;细胞质内精子注射(ICSI),即将单个精子插入卵子;核基因组移植(也称为线粒体捐赠),需将一个卵子的细胞核DNA移到另一个去核的卵子中。最近,选项列表中还增加了可遗传人类基因组编辑。

随着部分生殖技术和遗传技术的使用规范化,人们愈加担心它们可能会导致针对残疾人的消极态度或歧视。有人驳斥这些担忧,认为上述技术的使用涉及基因选择,而非对人的选择。也许是吧。但在生殖的背景下,无病基因和缺陷基因之间的鸿沟最终将超越基因,变成人的问题,从而将不同人标记为社会中“可取的人”或“不可取的人”。一旦被标记为“不可取的人”,便有遭受伤害和压迫的风险,例如歧视、污名化和边缘化。这是一个严重的问题。一旦“可取的人”不再指拥有无病基因,而是为了个人益处或社会益处进行基因组修饰的人,几乎可以肯定,问题将会更加严重。

## 第五章

# 过渡时期的伦理

随着可遗传人类基因组编辑(以及人工智能等其他新兴技术)出现,现在可以看到并明白,我们生活在一个独特的时代——我们不妨把它称为"过渡时期"。就人类基因组编辑而言,这是从科学家和科幻小说家首次想象成功地操纵人类基因组,到将来可遗传人类基因组编辑要么被官方禁止要么被广泛接受之间的过渡时期。

据我估计,这个新时代始于20世纪二三十年代。美国古典遗传学家,之后获得诺贝尔奖的穆勒(Hermann Joseph Muller)于1922年发表了《由单个基因的改变而引起的变异》(Variation Due to Change in the Individual Gene)。在这篇开山之作里,穆勒将基因描述为染色体中的独特物质,并解释每个细胞中都有"成千上万的'基因'"。其时,他还不知道"基因的化学组成及其化学反应公式",可他坚称:"基因以超微细颗粒的形式存在,它们的影响力渗透整个细胞,而且,在决定所有细胞亚基、细胞结构和细胞活性的性质中起着根本性的作用。通过这些细胞效应,基因继而影响了整个生物体。"根据穆勒的说法,基因可以自我传播(他将其称作自催化能力),且从上一代传播到下一代时成为"遗传"。穆勒进一步解释,如果基因偶然改变,那改变的基因将保留其自我传播的能力,从而导致"由于单个基因的改变而引起的变异",通常称为"突变"。穆勒将基因变异的继承理解为生物进化的根源。理解了可能的突变后,他受到启发,开始思考通过设计可能发生的事情。

20世纪20年代后期,穆勒写下了《夜空以外》(*Out of the Night*)。这本书于1935年首次出版,带有明显的优生学基调。书中有一章谈到了遗传和性格,穆勒在其中明确提到了遗传学(相对于环境影响)在确定一个人的社会特征以及认知能力、道德素质方面的作用。其后,在1939年第二次世界大战开始时,《社会生物学与人口改善》(Social Biology and Population Improvement)发表。这篇所谓的"遗传学家宣言"(Geneticists's Manifesto)由穆勒起草,并在爱丁堡第七届国际遗传学大会上,由众多著名遗传学家共同签署。克鲁(Albert Eley Crew)担任主席,也是官方主要作者。英国优生主义者朱利安·赫胥黎(Julian Huxley,阿道司·赫胥黎的兄长)也签署了宣言。

宣言概述,环境和遗传是"人类福祉的补充因素",而这两个因素都在"人类的潜在控制之下"。谈到环境时,作者呼吁建立公平的经济和社会条件,并要求改变"助长不同人群、国家和'种族'之间敌对情绪的经济和政治条件"。他们还强调了"在[儿童]的孕育和抚育方面充分的经济、医疗、教育帮助以及其他帮助",以及获得包括"自愿的临时或永久绝育、避孕、流产(作为第三道防线)、控制生育和性周期、人工授精等"生殖选择的重要性。但他们认为,这些环境变化不足以改善人口,基因选择势在必行。最重要的目标旨在改善以下方面的遗传特征:"(1)健康;(2)被称为智力的复合体;(3)对那些有利于同情和社会行为而非(今天广受欢迎的)使人'成功'(以当今定义而言的成功)的气质。"这几行定义将《夜空以外》中隐含的范畴明朗化了。

1932年,当穆勒与其他科学家致力于研究基因遗传时,阿道司·赫胥黎的《美丽新世界》出版。在书中,他想象了在孵化场成长的基因工程人类。在这个"新"世界里,发育中的胚胎从生育室被送到装瓶室,而后是社会宿命室,再到倾析室,然后是婴儿托儿所。在生产线的末端有中规中矩、毫无区别、整齐划一的伽马、德尔塔和埃普西隆。他们是应用生物学在新巴甫洛夫环境里小心翼翼地大规模生产出来的低级种姓。社会阶层的另一端则是阿尔法和贝塔*。

这个想象中的未来涉及某些人类个体的退化和某些人类个体的增强——英国哲学家罗素(Bertrand Russell)曾认为"极有可能实现",随着基因遗传与人类生殖两个领域的科学的重大进步,已逐渐接近实现。1869年,瑞士化学家米歇尔(Friedrich Miescher)从细胞中分离出DNA。过了许久,在1944年,美国科学家埃弗里(Oswald Avery)、科林·麦克劳德(Colin MacLeod)和麦卡蒂(Maclyn McCarty)证明了DNA对遗传有影响。1953年,美国生物学家沃森(James Watson)和英国物理学家克里克(Francis Crick)在剑桥大学合作,在英国物理学家和分子生物学家威尔金斯(Maurice Wilkins)以及英国化学家和X射线晶体学家罗莎琳德·富兰克林(Rosalind Franklin)的重要贡献下,发现了DNA的双螺旋三维结构。几年后,在1970年,约翰斯·霍普金斯大学的研究人员宣布他们发现切割和拼接DNA的酶。1975年,两个研究小组[一个由英国生物化学家桑格(Frederick Sanger)领导,另一个是哈佛大学的马克萨姆(Alan Maxam)和吉尔伯特(Walter Gilbert)组成的团队]开发了当时的快速DNA测序方法。1978年,世界上首个卵子和精子在体外结合的体外受精婴儿诞生。1990年,植入前遗传学诊断首次用于胚胎移植前鉴定胚胎的遗传特征。2000年,人类基因组草图发表,2003年完整图谱发表。2018年,在第一个试管婴儿诞生40年后,我们有了第一对基因组编辑婴儿。

在此过渡期间,我们有相当长的时间反思操纵人类基因组的伦理

* 伽马(γ)、德尔塔(δ)和埃普西隆(ε)分别是希腊字母表上的第三、第四、第五个字母,阿尔法(α)和贝塔(β)分别是希腊字母表上的第一、第二个字母,由此区分不同种姓和不同阶层。——译者

意义。有人认为我们没有明智地利用这段时间:我们对人类基因未来的伦理思考没有跟上科学进步的步伐。这到底意味着什么?难道我们的伦理观点和价值观过于简单,无法思考科学和生物技术上的复杂进步?还是说,我们本应主动运用伦理思考,现在却过于被动?也许他们反对的是,由于缺乏一致同意的伦理原则,我们的伦理缺乏重点?还是说,反对的是这些伦理原则并不真正合乎道德?在我看来,"科学正在超越伦理"(或者"伦理落后于科学")的说法不但错误,而且不真诚。对于科学(并不等同于科学家)而言,针对伦理发展速度的评论其实是指"伦理不必要地妨碍了科学发展"。他们认为,对于治疗或预防疾病的紧迫目标以及改进人类本质这一值得称道的目标,伦理应当支持而非质疑。

作为回应,伦理学(并不等同于伦理学家)坚持认为,利用可遗传人类基因组编辑"治疗疾病"并不紧急,因为并没有病人需要治疗或保护。可遗传人类基因组编辑不像体细胞人类基因组编辑,它并不治疗个人,顶多只创造出一个与原本出生的人不同的人而已。至于通过操纵基因改善人类这一目标,伦理学对其有着合理的疑问和关切。正如美国政治学家福山(Francis Fukuyama)在《我们的后人类未来》(*Our Posthuman Future*,2002)中指出:"人性是我们关于正义、道德和美好生活等观念的根本,如果这项技术普及,所有这些都将发生变化。"

• • •

20世纪70年代,受到重组DNA技术发展的刺激,人们开始认真讨论操纵人类生殖系的伦理问题。其时,当几位著名的科学家指出,某些基因工程形式会带来潜在的优生优势,包括科学家、临床医生、神学家和哲学家在内的一些人就提出了伦理方面的关切。对于担心未来孩子的健康和福祉的人而言,包括克隆人、人和动物的嵌合体(具有人类和非人类DNA的新生物体)在内的技术令人担忧。关注这些技术的人尤其担心它们可能对儿童造成身心伤害，造成儿童商品化，影响儿童享有开放的未来、拥有独特基因特征的权利。有人则担心发育中的人类胚胎的道德地位、基因歧视、贫富差距扩大等问题。

1997年，苏格兰罗斯林研究所公开宣布全球首只克隆哺乳动物绵羊多利的诞生，此事激发了公众的想象力。多利于1996年7月出生，它有3名母亲：一只绵羊作为"供体"，提供了未受精的卵子，其卵子被去除了细胞核（核DNA）；第二只绵羊提供了成年体细胞核DNA，并使用一种被称为"体细胞核移植"的技术将其核DNA转移到供体的去核卵中；第三只绵羊被植入克隆的胚胎。多利的诞生立即引起了关于克隆人的设想，专家们迅速警告世界，要注意建立一支由克隆希特勒组成的军队的风险。当时，许多人提及莱文（Ira Levin）于1976年出版的小说《巴西来的男孩》（*The Boys from Brazil*），在小说中，门格勒（Josef Mengele）克隆了希特勒（Hitler），并在巴西抚养一众克隆男孩，意图建立第四帝国。还有人回想起年代更久远，关于不受控制的科学和人类傲慢精神的作品，引用阿道司·赫胥黎的《美丽新世界》（1932）和玛丽·雪莱（Mary Shelley）的哥特式故事《弗兰肯斯坦》（*Frankenstein*，1818）作出的骇人警告。

同样在1997年，新泽西州圣巴拿巴生殖医学与科学研究所的荷兰胚胎学家科恩（Jacques Cohen）及其同事宣布，一名健康的女婴在经过卵母细胞移植后出生。这项技术涉及在体外受精前通过注射少量来自健康供体卵的卵质来改变不孕症患者的卵子线粒体DNA组成。

同年，美国生物学家西尔弗的《重造伊甸园》（*Remaking Eden*）出版。书中，西尔弗设想在未来，人们能够使用一系列生殖和遗传技术将社会优势转化为遗传优势，为此他创造了"生殖遗传学"一词。在他想象的未来世界里，有自然人（基因组未经修饰的人）和经过基因改造的人，简称"改造人"（基因组经过修饰的人）。西尔弗设想利用人造染色体引入包含数百个(甚至数千个)新基因的"基因包"。他还想象采用干细胞组装成的胚胎样结构,这也是一条替代染色体内基因的路线。第三种设想是一种可停止靶向基因活动的抗基因疗法。不过,西尔弗谈到这些设想时也承认,更简单且"可行、安全、有效"的方法可能会在21世纪中叶出现。今天,如果一个全新版本的《重造伊甸园》出版,里面提及的生殖遗传学技术选择将是可遗传人类基因组编辑。

在流行文化方面,1997年,全美报纸上都刊登了一则广告,上面写着"定制儿童"。沃格(Gretchen Vogel)描述:"广告提供了一份性状清单,上面包括音乐能力、运动能力以及防止过早秃顶,供父母为后代选择。它还提供了一个免费电话号码和一个供读者预约的网站。"那个周末,5万人还没有看完网站细则便打去了电话,而细则末尾解释,那其实是新电影《千钧一发》(*GATTACA*)的广告。在这部科幻惊悚片展现的世界里,社会阶层由遗传基因决定。

电影中,公民分为两类:"基因不良者"和"基因优良者"。自然出生的人被称为信仰婴儿及基因不良者,受到系统性遗传歧视,背负羞耻和污名。与他们相对应的(也是他们的竞争者)是基因优良者,即利用生殖技术和遗传选择技术经过基因增强而出生的人。电影有两个主要角色,文森特·弗里曼(Vincent Freeman)和杰罗姆·莫罗(Jerome Morrow)。文森特是一位基因不良者,他的遗传状况阻碍了他前往太空旅行的人生抱负。杰罗姆是实验室设计的基因优良者,生活因意外事故而乱了套,只得坐在轮椅上。文森特购买了杰罗姆的DNA身份,以期实现人生目标。最后的场景中,文森特登上了一艘宇宙飞船,杰罗姆则选择了自焚。如今,要是对《千钧一发》进行翻拍(或拍摄续作),在基因优良者的设计上,可遗传人类基因组编辑将与基因选择结合使用。

自20世纪二三十年代以来,各种生殖技术和遗传技术已变化良多,也已被广泛使用,但人们对这些技术的伦理观点似乎变化不大。在一些国家,不断变迁的社会和宗教习俗使人们对发育中的人类胚胎的道德地位有了不同看法,某些伦理问题的重要性也由此改变,对女性遭受的伤害的关注也大大增加。然而,除此之外,多年来,伦理方面的讨论和辩论依然主要集中在对由于这些技术而诞生的儿童的预期伤害、一种新型优生学对社会的潜在负面影响、已知机会成本、获得知情同意的困难,以及亲子关系和其他家庭关系难题等问题上。

• • •

自20世纪20年代初期,即"过渡时期"开始以来,已有许多文章陈述使用可遗传人类基因组编辑消除不良基因或引入理想基因的潜在好处。随着争论发展,潜在的好处被分为四大类,即对准父母的好处、对孩子的好处、对社会的好处,以及对基因库的好处。

**对准父母的好处**

可遗传人类基因组编辑的支持者认为,追求这一科学最令人信服的理由是,它能给希望拥有遗传健康和遗传相关的孩子,却有可能将严重的遗传病传给孩子的夫妇带来好处。通过可遗传人类基因组编辑,这些夫妇将能避免孩子患病的风险,从而避免由孩子患上严重遗传病所带来的情感、经济和其他方面的负担。另一个更遥远且对某些人而言具有争议的潜在益处是,在未来安全有效的基因组编辑年代,为后代提供健康相关和非健康相关的增强功能。这可能涉及使用基因组编辑,通过降低对遗传病或传染病的易感性来改善健康状况,也可能涉及使用该技术提供某些特性或能力,以追求卓越或竞争优势。

**对儿童的好处**

安全有效的可遗传人类基因组编辑对儿童的潜在益处是生命。若然没有基因组编辑,一些孩子的父母会选择不生育,以避免孩子患上严重的遗传病。除了生命之外，其他好处还包括没有遗传病的一生。最后，根据可选选项，非健康相关的基因组增强还能带来某些特性和能力。

**对社会的好处**

对安全有效的可遗传人类基因组编辑为社会带来的潜在益处进行分类时，通常首先会提到的，是卫生项目和社会项目的成本降低，这些项目原本是支持残疾人日益增加的需求所必需的。其次，因为这项技术可以纠正由于不公平的"基因彩票"所造成的不利因素，其益处还包括增加公平和平等的机会。除此之外，有人提出，倘若某些社会成员获得额外才能，例如知识增长、记忆力提高，或者体能提升，可能会使社会受益。

1984年，英国哲学家格洛弗(Jonathan Glover)在其发人深省的著作《我们需要什么样的人》(*What Sort of People Should There Be?*)中指出，当新的增强技术被逐步引进，有可能会引起不可逆转的灾难，因此既有理由支持，也有理由反对。支持进行人类增强的理由包括提高生活质量，物种存续的可能性也将更高。格洛弗想象，在未来，我们将再也无法理解世界："正如微积分对于狗的大脑来说太难了，物理学的某些部分对我们而言可能也太难了。"于是他假设在未来，我们将欢迎超越自身智力局限性的机会。格洛弗还设想了我们对通过基因改造增强情感能力的兴趣，表示"我们的利他能力有限，其所依赖的富有想象力的同情心也有限"，这令我们相当痛苦，也会对人类生存造成直接威胁。更具体地说，格洛弗认为，我们在消除战争方面持续失败，这表明需要增强基因并改善环境，以帮助我们克服情感和想象力的局限，变得更加利他，更加能与他人共情。

### 对基因库的好处

有了安全有效的可遗传人类基因组编辑,人类基因库就有望得到改善。这个观点认为,在未来,这项技术可以用以纠正某个基因的“坏”版本,引入“好”版本,或者添加新的“好”基因,以此提高理想性状的普遍性,降低不良性状的普遍性。该观点假设我们有客观的方法得知哪些性状(特性和能力)可取,哪些基因影响这些性状。随着时间推移,世代繁衍,可期望在保持遗传多样性的同时,人口中会有更多更健康、更有天赋的孩子。

另一些人则对可遗传人类基因组编辑的好处不那么乐观,他们担心,每一类利益的背后都会有相应的危害。而且,可遗传人类基因组编辑对女性的伤害又如何?对女性有没有相应的好处?

### 对女性的危害

正如大多数关于生殖和遗传技术的讨论一样,在关于可遗传人类基因组编辑的讨论中,女性的角色常常被忽视。在人类能够使用人工配子(人工卵子和精子)及人工子宫进行生殖前,女性于生殖而言依然必不可少。考虑到这一点,忽视女性角色实在太不合理。

考虑一下可遗传人类基因组编辑对女性的潜在危害,无论是为在实验室中进行的生殖系基因组编辑基础研究提供卵子,还是参与生殖系基因组编辑临床试验,其中的激素刺激和取卵都可能对女性身体和心理造成伤害。此外,倘若参与未来可能进行的临床试验,也许会产生与妊娠、流产或分娩相关的潜在危害。在某些情况下,也会对产后及往后的生活带来危害,特别是如果基因组编辑对后代造成伤害,危害就难以避免。

在实验室或临床试验中的人类生殖系基因组编辑研究,需收集卵子和精子以产生胚胎。对于女性而言,收集卵子需进行激素刺激,而后取卵。每日注射激素对身体造成的常见潜在危害包括抽筋、轻度腹痛、恶心、呕吐和腹胀。常见的潜在心理伤害包括情绪变化和易怒。更严重的潜在生理危害与卵巢过度刺激综合征相关，其中包括呼吸急促、体重迅速增加、严重腹胀和疼痛、严重恶心呕吐、出血、血栓栓塞，以及呼吸困难。在某些情况下，需要住院治疗，在罕有的情况下，少数女性甚至会死亡。还有极小的可能性造成生育力降低或无法生育，而且传闻有患上卵巢癌、乳腺癌和结肠癌的风险的证据。

在可遗传人类基因组编辑的临床试验中，还有妊娠、流产或分娩等复杂情况。倘若同意参加可遗传人类基因组编辑临床试验的女性是为了避免诞下有特定遗传病的孩子，那么她们可能具有潜在的健康问题，其妊娠的风险会更高。此外，倘若可遗传人类基因组编辑出现重大错误，女性参与者可能希望终止妊娠，这会对某些女性造成心理困扰。此外，对于某些女性而言，决定终止妊娠后，在获得堕胎服务方面可能会有其他实际困难。

除却以上的潜在身心伤害，当利益和危害分配不公正，便存在"利用不公平优势"的潜在危害，所提供的同意也就变得无效。例如，如果参与者是在领导研究的科学家未完全披露相关信息的情况下给予同意，则该同意无效。

最后，当未来安全有效的可遗传人类基因组编辑可供使用且可供获取，便可轻易预见，女性（及夫妇）无论是抵制这项技术，还是迫于社会压力默许利用这项技术创造自己的孩子，都将受到一定伤害。

### 对准父母的伤害

正如理想的基因改造可能会代代相传，不想要的错误也可能导致新的遗传病或癌症。有害的新变异可能来自对卵子、精子或早期胚胎的基因改造。套用18世纪著名苏格兰诗人伯恩斯（Robert Burns）的话：

"即使最如意的安排设计，结局也往往会出其不意。"夫妇同意进行基因组编辑以避免严重遗传病传递，最终可能生出患有该技术引发的遗传病或癌症的儿童。这种风险在临床试验初期尤其高。

倘相关研究的风险能降低到"可接受的"范围，且可遗传人类基因组编辑将在临床环境中可供使用且可供获取，使用基因组编辑的准父母遭受伤害的风险可能会转移到拒绝基因组编辑的准父母身上。我们从目前的产前检测和植入前遗传学诊断的经验得知，倘孩子患有遗传病，而母亲本可以选择避免这种结果却没有这样做，就有可能受到社会"制裁"。她们因未能遵守社会规范和期望且违背孩子的最大利益，面临被指责为"坏母亲"的局面。基因组编辑也是如此，选择不对孩子进行基因改造的准父母(尤其是母亲)将因未能履行父母义务，无法促进孩子健康、幸福和成功而受到谴责。哲学家哈里斯和萨弗勒斯库等人长期以来一直争辩道，父母负有道德义务，确保为子女提供"最好的生活"。他们认为，这项义务包括为将来的孩子提供一切可能的认知、体格、容貌、道德及其他方面的改善。

### 对儿童的危害

由经过基因改造的胚胎发育长大的孩子可能会因为有害的脱靶效应(在错误的位置编辑)、靶向效应(在正确的位置编辑，但产生有害的后果)和(在不同的染色体和不同的组织中的)全基因组效应而经受严重的健康问题。上述风险与患者进行体细胞基因组编辑的风险相同。可是，使用生殖系基因组编辑还会有镶嵌(不完全编辑)的风险。当发育中的胚胎只有一部分细胞被成功修饰，胚胎便同时具有未经编辑和经过编辑的细胞(据报道，贺建奎所创造的双胞胎中的一个便是如此)。在编辑过的细胞中，可能有按照科学家意图修饰的细胞，也有未按意图修饰因而可能会造成伤害的细胞。有害后果可能在妊娠时或分娩时发现,也有可能过了许久才发现,甚至在某些情况下,孩子已经到达生育年龄,才发现有害后果。倘第一代将有害的基因修饰传给后代,就可能造成对多代人的持续伤害。

从另一个角度看,在未来拥有安全有效的遗传基因组编辑的年代,孩子经过基因组修饰从而更接近父母的理想,却由此只有有限的人生选择,因此也有可能遭受心理伤害。诚然,所有孩子的生活选择都受到父母偏好的限制,例如居住地、就读的学校和学习的语言,均通常受限于环境因素。在性关系所发展的生殖里,父母对孩子在遗传上的控制主要限于对性伴侣的选择和性交的时机。而将来,通过可遗传人类基因组编辑,父母的偏好可能包括控制某种基因选择。

我曾经想象,一位小提琴演奏家选择克隆自己,投入大量资金进行基因增强和环境改善,以确保孩子成为享有盛名的音乐家。她进行基因修饰以提高孩子的手的灵活度、听力和记忆力。在环境方面也进行了一些改进,例如进行锻炼,将孩子经过遗传提高的灵活度和记忆力最大化;施行药物疗法改变血清素水平;配备一把斯特拉迪瓦里* 小提琴以及茱莉亚音乐学院的音乐课。以此方式塑造的孩子,可能很难走上为她精心计划的生活轨迹以外的道路,甚至有人会说那根本不可能。如今,父母已倾向于使用遗传知识为子女作出重要的生活选择。例如,胡克斯特拉(Neil Hoekstra)得知儿子的*MSTN*基因有缺陷,其肌肉群将比普通人大,他将此缺陷视为一种奖励:"我希望他成为一名橄榄球运动员。他可能是下一个哈特(Michael Hart,密歇根大学的明星跑卫)。"我们可以想象,假若基因优势并非仅仅来自"运气",而是由父母周密计划、支付金钱所得,他们会为孩子的特定未来倾注多少努力。

---

* 斯特拉迪瓦里(Antonio Stradivari,1644—1737)被称为迄今最伟大的小提琴制作家。——译者

### 对社会的危害

可遗传人类基因组编辑的反对者怀疑，一旦该技术被证明安全有效，是否会被用于提高公平和平等。他们认为，该技术会带来一种新型的优生学，并扩大“富人”和“穷人”之间的差距，由此带来巨大的社会和文化后果，包括更严重的歧视、污名化和边缘化——起初只是针对具有所谓不良基因的人，最终还会针对基因组未经修饰的人。令人担忧的是，拥有权力、特权和金钱的人比其他人更有能力利用可遗传基因组编辑所带来的健康相关（及非健康相关）优势，随之，残疾人、某些种族或族裔群体、低种姓，以及最终每个人之间现有的社会不平等和健康不平等状况都会加剧。

### 危害基因库

倘要在人口水平大规模地进行人类基因组编辑，则存在增加有害基因，从而增加基因库有害多样性的风险。同时，由于成千上万个体的生殖选择，也有降低基因库多样性的风险。倘可遗传人类基因组编辑可供使用且可供获取，但存在一定风险，那改变一个“坏”基因可能仅仅导致将一个“坏”基因换成另一个“坏”基因，产生净中性或净负面影响（取决于交换的基因有多“坏”）。同时，利用这项技术的不同个体可能会同时选择“要”和“不要”相似的基因，选择“要”社会认同的理想基因，选择“不要”社会不认同的不良基因。这种整合会减少多样性，除非与此同时，迎合特殊选择的新设计合成的基因被广泛引入。以这种方式减少基因库多样性可能对人类有害，部分原因是增加了遗传病的风险。

然而，相较以上列出的潜在的好处和危害，伦理方面的问题更加复杂。

## 人类遗传学:科学与社会,1818—2018+年

**1818年** 《弗兰肯斯坦》(*Frankenstein*)或称《现代普罗米修斯的故事》(*The Modern Prometheus*),玛丽·雪莱(Mary Shelley)

**1859年** 《物种起源》(*On the Origin of Species*),查尔斯·达尔文(Charles Darwin)

**1883年** 弗朗西斯·高尔顿(Francis Galton)首次使用优生学(eugenics)一词

**1922年** 《由单个基因的改变而引起的变异》(Variation Due to Change in the Individual Gene),赫尔曼·约瑟夫·穆勒(Hermann Joseph Muller)

**1932年** 《美丽新世界》(*Brave New World*),阿道司·赫胥黎(Aldous Huxley)

**1935年** 《夜空以外——生物学家对未来的看法》(*Out of the Night: A Biologist's View of the Future*),赫尔曼·约瑟夫·穆勒

**1939年** 《遗传学家宣言》(Geneticists's Manifesto),第七届国际遗传学大会

**1953年** 发现DNA双螺旋结构

**1954年** 《道德与医学》(*Morals and Medicine*),约瑟夫·弗莱彻(Joseph Fletcher)

**1969年** 首个使用体外受精创造的胚胎诞生(英国)

**1970年** 《虚构的人——基因控制的伦理》(*Fabricated Man: The Ethics of Genetic Control*),保罗·拉姆齐(Paul Ramsey)

**1976年** 《巴西来的男孩》(*The Boys from Brazil*),艾拉·莱文(Ira Levin)

**1978年** 首个使用体外受精诞生的婴儿(英国)

**1980年** 首次基因转移试验,治疗β-地中海贫血(美国)

**1984年** 《我们需要什么样的人》(*What Sort of People Should There Be?*),乔纳森·格洛弗(Jonathan Glover)

**1990年** 首次临床应用植入前遗传学诊断,治疗X连锁疾病

**1993年** 发现CRISPR(西班牙)

**1996年** 《关于遗传学研究的原则性行为声明》(*Statement on the Principled Conduct of Genetics Research*),国际人类基因组组织委员会

**1997年** 《奥维耶多公约》(*Oviedo Convention Biomedicine*),即《在生物学和医学应用方面保护人权和人的尊严公约——人权与生物医学公约》(*Convention for the protection of Human Rights and Dignity of the Human Being with*

*regard to the Application of Biology and Medicine: Convention on Human Rights and Biomedicine*),欧洲委员会

首个使用卵质移植技术诞生的婴儿(美国)

《千钧一发》(*GATTACA*)发布

《世界人类基因组与人权宣言》(*Universal Declaration on the Human Genome and Human Rights*),联合国教科文组织

《重造伊甸园——基因工程和克隆将如何改变美国家庭》(*Remaking Eden: How Genetic Engineering and Cloning Will Transform the American Family*),李·西尔弗(Lee Silver)

**1999年** 杰西·盖尔辛格(Jesse Gelsinger)死于基因转移试验(美国)

**2000年** 《人类可遗传基因修饰》(*Human Inheritable Genetic Modifications*),美国科学促进会(美国)

**2010年** 《慢科学宣言》(Slow Science Manifesto),慢科学学院(德国)

**2012年** 发现使用CRISPR改变DNA的方法(瑞典和美国)

欧盟委员会批准首个遗传病基因疗法——格利贝拉(欧洲)

**2015年** 首次在无生命胚胎中进行CRISPR研究以纠正*HBB*基因(中国)

《国际生命伦理委员会关于更新其对人类基因组和人权的思考的报告》(*Report of the IBC on Updating Its Reflections on the Human Genome and Human Rights*),联合国教科文组织

《人类受精和胚胎学(线粒体捐赠)章程》[*Human Fertilisation* and *Embryology (Mitochondrial Donation) Regulations*](英国)

《关于人类基因编辑——国际峰会会议声明》(*On Human Gene Editing: International Summit Statement*)提出生殖系编辑须有"广泛的社会共识"

《关于基因组编辑技术的声明》(*Statement on Genome Editing Technologies*),强调其框架与《奥维耶多公约》第13条的相关性(欧洲委员会)

**2016年** 首个经过母体纺锤体移植以避免遗传病的婴儿诞生(美国和墨西哥)

利用CRISPR在无生命胚胎中修饰*CCR5*基因的研究(中国)

《基因工程将永远改变一切——CRISPR》(Genetic Engineering Will Change

Everything Forever),《*Kurzesagt*——简而言之》(*Kurzesagt-In a Nutshell*) YouTube视频

**2017年** 首个因不孕症进行原核移植后诞生的婴儿(乌克兰)

《人类基因组编辑——科学、伦理和治理》(*Humans Genome Editing: Science, Ethics and Governance*),国家科学院、工程院和医学院(美国)

《更新——CRISPR》(Update: CRISPR),《电台实验室》(*RadioLab*),WNYC Studios播客

在有生命胚胎中纠正*HBB*基因和*G6PD*基因的CRISPR研究(中国)

利用CRISPR胚胎纠正*MYBPC3*基因的研究(美国)

在有生命胚胎中进行CRISPR研究以研究*POU5F1*基因(英国)

蔡纳向自己注射针对*MSTN*基因的CRISPR(美国)

《乔·罗根的经历 # 1024》(Joe Rogan Experience # 1024),讨论CRISPR的*PowerfulJRE* YouTube视频

美国食品药品监督管理局批准首个遗传病基因疗法药物——Luxturna(美国)

**2018年** 《基因组编辑和人类生殖——社会和伦理问题》(*Genome Editing and Human Reproduction: Social and Ethical Issues*),纳菲尔德生命伦理委员会(英国)

首对经基因组编辑的婴儿诞生,修改胚胎中的*CCR5*基因以增强其对HIV感染的抵抗力(中国)

《第二届国际人类基因组编辑峰会——继续全球讨论》(*Second International Summit on Human Genome Editing: Continuing the Global Discussion*),建议为生殖系编辑提供"翻译途径"的声明

**2019年** 《暂停可遗传基因组编辑》(Adopt a moratorium on heritable genome editing),《自然》(*Nature*)

人类基因组编辑治理和监督专家咨询委员会成立,世界卫生组织

第六章

# 危害与错误

对可遗传人类基因组编辑持谨慎或否定态度的人，往往会指出伦理和社会方面的担忧，这些担忧比人们熟悉的利害分析更为重要，且超出了其涵盖范围，由此引发重大而紧迫的问题。例如，当人类成为人类制造的产物而非自然的产物，这样的未来意味着什么？对基因修饰的热情有多少是出于某种天真的生物决定论？怎样的傲慢使我们认为人类可以（或应该）掌握人类进化的故事？关于最后一点，兰德表示："我们才刚刚略读了长达30亿年的遗传文本，就已经有人认为，'嘿！我想我能做得比这更好！'"的确，近年来，这种信心激发了一些科学家发展人类生殖系基因组编辑研究，以期最终改变未来的人类。这项研究引起了道德方面的关切，其中一些与潜在的有害后果有关，其他的涉及公平和正义。

## 对女性供卵者的剥削

如前所述，为生殖系基因组编辑研究提供卵子的女性面临的潜在危害常常被忽视或轻视。其中一个潜在危害是女性有被剥削的风险。我在此重点介绍俄勒冈健康与科学大学的生殖生物学家米塔利波夫及其在美国加利福尼亚、中国和韩国的同行使用的研究同意书。

2017年，米塔利波夫及其同事成为首个在中国境外报告人类生殖系基因组编辑"成功"的研究团队。他们的研究试图修复一种叫肥厚型心肌病的心脏病突变,这是一种常染色体显性遗传病,由一个有缺陷的*MYBPC3*基因引起,导致心肌增厚。只要遗传一个有缺陷的基因,就会患肥厚型心肌病。

研究使用来自女性供卵者的健康卵子和带有缺陷*MYBPC3*基因的男性精子所产生的58个胚胎。倘在没有CRISPR基因组编辑的情况下受精,大约一半(50%)胚胎会发生突变。经过研究小组的基因操纵,58个胚胎中只有16个(仅28%)带有缺陷基因。虽然有人盛赞该研究是一项重大突破,但也有研究人员认为这些发现在生物学上并不可信。

在研究中,米塔利波夫及其同事需要健康的人类卵子,卵子从健康女性志愿者和接受生育治疗的女性获得。为获取这些女性的卵子,研究小组寻求并获得了俄勒冈健康与科学大学机构审查委员会的批准。在研究结果发表后不久,我申请获取此项研究的一些知情同意书副本。我发现其中存在不少严重的伦理问题,感到非常惊讶。我之所以惊讶,是因为审查并批准了该研究的机构审查委员会理应知道研究结果将受到国际审查,审查中某些人可能对知情同意书及同意程序感兴趣。2017年11月21日,我向人类研究保护计划主任(及机构审查委员会主席)、机构审查委员会管理人、机构审查委员会所有成员,以及俄勒冈健康与科学大学主管研究的副校长发送了一封长达10页的信,详细说明我的担忧,并抄送米塔利波夫。2018年5月4日,经过几封后续电子邮件后,我收到人类研究保护计划主任的正式回应。她在信中表示,已对研究的知情同意书进行更改,且相关更改已于2018年3月15日获得机构审查委员会批准。尽管距离研究发表已经过去一段时间,但他们依然对相关知情同意书进行更改,这一事实表明还有其他研究项目正在进行。

我向机构审查委员会提出的许多问题中,有两个涉及对健康女性志愿者和接受生育治疗的女性的潜在剥削。第一个问题关于付款,第二个关于利益冲突。

许多国家禁止生殖组织的贸易,因为人们认为卵子、精子和胚胎不应在市场上买卖。例如,在加拿大,购买卵子属违法行为。我支持该法例。禁止买卖的目的在于保护女性供卵者免于被剥削和被胁迫的双重风险。一方面,对供卵者的支付可能太少,由此出现利害分配不公,产生剥削。另一方面,供卵者的报酬相对于她们自身经济状况而言可能过高,在此情况下,供卵者的自愿性可能遭受损害,变成出于胁迫供卵。关于剥削的担忧主要针对为生育治疗提供卵子的女性,包括接受用金钱交换卵子的健康志愿者,以及接受以卵子分享权交换体外受精治疗折扣的不孕症患者。经济上处于不利地位的女性可能会受到不适当的诱导,但为研究提供卵子的健康志愿者没有这方面的担忧,因其并没有得到补偿。

在向健康供卵者支付用于生殖的卵子费用的国家,女性主义学者、女性活动家及其盟友反对仅根据卵子的用途向某些女性付费而不向另一些女性付费的做法。他们坚持,无论卵子用于生殖抑或研究,对女性供卵者而言,风险都是相同的,因此,不向某些女性供卵者付费是一种剥削。最后,在允许支付或补偿供卵的司法辖区,改变了不向为研究提供卵子的健康志愿者支付费用的做法。

在机构审查委员会为米塔利波夫及其同事开具的研究同意书中,健康的志愿者有资格获得共计5050美元的付款,该金额与美国生殖医学学会(ASRM)伦理委员会业已失效的建议金额相一致。2007年,美国生殖医学学会的"卵母细胞捐赠者的经济补偿"指南建议,将经济补偿限制为5000美元。超过这个数额的付款需说明理由,超过10 000美元的付款被认为不合适。但是,生殖医学学会在2016年更改了政策,作为对某项关于非法定价诉讼的直接回应。庭外和解协议包括从政策中删除与定价相关的表述。

对于米塔利波夫研究中的健康女性志愿者而言，参与研究的潜在收益是金钱，潜在危害则包括与激素刺激、取卵有关的短期和长期的生理风险及心理风险。研究同意书包含日程表，同时也是付款明细。参与初步筛选预约——包括同意讨论在内——的女性获得50美元报酬。接下来的3次卵巢抑制治疗总报酬为300美元。首次治疗获得50美元报酬，第二次参加不支付报酬，最后一次参加将获得250美元报酬。

至此，女性研究参与者所付出的时间与心力总共使她们挣到350美元。随后，艰苦的卵巢刺激便开始了。女性接受药物治疗后，好几个卵子会同时成熟(而非通常的每个月经周期只有一个卵子成熟)。激素需在10—14天内自行注射，在此期间总共有5次门诊，以监测激素水平并检查卵泡发育情况。在第5次门诊时，完成所有5次门诊的女性将获得1500美元。倘其在卵巢刺激过程中出现严重不良反应，便可能会被排除在研究之外，或自行决定退出。在研究同意书中，卵巢过度刺激综合征被描述为：

> 一种严重的并发症，以胸腹部积液和卵巢囊性增大为特征，可导致永久性损伤甚至死亡。一项研究显示，严重的卵巢过度刺激综合征会影响1%—10%的捐献者，具体情况取决于所使用的药物方案，不过其他研究表明这种情况的发生率较低。卵巢过度刺激综合征患者可能会出现脱水、凝血障碍和肾脏损害。

在以上描述之后，是一份每种药物的潜在不良反应清单。

根据我检阅的研究同意书，倘患有严重卵巢过度刺激综合征的女性没有完成5次门诊，将不符合获取1500美元的条件。在付款明细中，付款并没有按比例分配，也就是说，这些女性只会因初步筛查预约和卵巢抑制治疗得到350美元，相较于她们可能经历的身心伤害，这很难被视作一种公平的收益。

倘女性完成卵巢刺激，下一步便是取卵。参与的女性将因这一过程得到3000美元报酬，最后获得200美元作为随访计划的报酬。那些没有（或基本没有）因卵巢刺激和取卵而受到身心伤害的女性将总共获得5050美元的经济收益，这与因卵巢刺激而产生严重不良反应的女性形成鲜明对比，后者只能获得少得可怜的350美元。她们遭受最严重的身体伤害，却只得到最低的经济补偿。

一般而言，理应为供卵者付出的时间、不便、不适和健康风险支付费用，而非为了购买卵子支付费用，此标准并未反映在各个研究阶段的付款明细中。在付款明细上，由于激素刺激而付出的时间、不便、不适和健康风险并未得到适当补偿。款项的大部分（3000美元）用于支付实际取卵，与卵巢刺激相比，其所需的时间更短，涉及的不便、不适和健康风险也更少，这意味着支付针对的是作为产品的卵子，而非生产卵子的苦劳。

针对这个问题，俄勒冈健康与科学大学机构审查委员会回复："卵巢过度刺激综合征发生在注射人绒毛膜促性腺激素（hCG）和取卵后，因此参与者将得到全额补偿。我们不认为这是对卵子的支付，补偿针对的是捐卵所付出的时间、精力和不适。"以上回复的问题在于其并没有完全理解卵巢过度刺激综合征。通常情况下，接受激素刺激的女性接受生育相关激素诱导排卵，然后一次性注射人绒毛膜促性腺激素（与前面所用激素不同），以促进卵子在取卵前最终成熟（通常发生在取卵前36小时）。一个称职的生育专家会检查已经成熟的卵泡数量，倘参与女性出现健康问题，将不会被注射人绒毛膜促性腺激素，且可以终止周期（不会进行取卵）。

接受生育治疗的女性的研究同意书也有一个问题：没有包含付款

明细。这些女性被视为无偿捐赠者。向健康志愿者支付报酬而不向接受生育治疗的女性支付报酬的决定并不公平，尤其在我看来，健康志愿者的研究同意书上清楚表明，支付针对的是商品（卵子）而非服务（生产卵子的苦劳），在此参照系下，健康志愿者和接受生育治疗的女性都是供卵者，都有权获得补偿。如果报酬支付针对的是时间、不便、不适以及激素刺激和取卵的风险，机构审查委员会可能会决定，女性不孕症患者本已为自己的生殖项目投入时间并承担健康风险，因而无须对其进行经济补偿。然而，如前所述，倘支付针对的是卵子而非生产卵子的苦劳，则两组女性供卵者之间并无区别。以上伦理难题表明，研究设计将研究团队管理成本的利益置于女性研究参与者获得公平报酬的利益之上。有意思的是，在道义上必须对类似病例一视同仁，在财政上必须管理研究费用，这意味着这两组女性（健康志愿者或不孕症患者）本来都得不到任何补偿。可是，如果没有补偿，很可能就没有多少卵子可供研究，因整个过程对参与者而言既有风险，任务也繁重。因此，研究小组决定给其中一部分但非全体参与女性支付费用。

即便暂且搁置公平补偿的问题，女性不孕症患者也不应该被邀请为研究提供卵子，因为这样会对她们的生殖项目产生负面影响。在一个典型的体外受精治疗周期中，所有取出的卵子都与精子接触，发育到胚泡阶段的卵子要么被移植，以期引发妊娠，要么被储存以备日后使用。这一治疗方案符合女性实现妊娠目标的最大利益。而邀请不孕症患者为胚胎研究提供卵子，研究小组实际上降低了患者妊娠的机会（除非捐赠的用于研究的卵子都有缺陷）。研究同意书的标题表明，其所用的是体外受精过程中丢弃的或多余的材料，却没有定义何为“多余”。对支付生育治疗费用的女性而言，捐赠健康卵子似乎并非合理的选择，这就令人不得不质疑知情同意程序。

根据同意书所示，研究设计的另一问题在于，研究人员和临床医生都要参与评估哪些卵子用于生殖，哪些卵子用于研究。这一质量评估有两个问题。首先，为独立研究项目寻找卵子的研究人员不应参与有关卵子临床应用的决策，这是严重的利益冲突。只有医生（而非临床胚胎学家或其他研究人员）才对患者负有受托责任——以患者的最大利益行事的法律和伦理责任。医生适当履行这一责任，就不会让患者因为赠送健康卵子而降低受孕机会。女性不孕症患者的所有卵子都能得到保存和受精，其权益才不致受损。其次，让研究团队的一名成员参与评估用于研究的卵子质量，这一决定令人困惑，因任何此类评估的预测价值皆有限。这再次说明，研究设计将研究团队免费获得用于研究的卵子的利益置于女性研究参与者启动妊娠的利益之上。回应这一担忧时，俄勒冈健康与科学大学机构审查委员会表示，同意书已被更正，以恰当反映"评估将由完全独立于研究团队的临床胚胎学家进行"。然而，这一修正仍未能解答为体外受精买单的不孕症患者为何会放弃她们的健康卵子。

### 获取差别

当安全有效的可遗传人类基因组编辑可供使用，但除却少数有特权的人，大多数人俱无法获得此技术的潜在好处，便将带来严重的伦理问题。令人关切的是，获取机会的不平等将大大损害治疗平等和机会平等，从而加剧目前卫生体系和社会制度中的不平等，可能导致对带有缺陷基因的人和基因组未经修改的人的歧视、污名化和边缘化。

美国科学促进会预测了获取差别可能产生的潜在问题，并在其2000年的报告《人类可遗传基因修饰》（*Human Inheritable Genetic Modifications*）中呼吁"为那些无力获得可遗传基因修饰的人提供公正的获取渠道"。这种要求公正获得可遗传基因组编辑的呼吁尽管值得称道却令人不知该如何落实。在一个无法为所有公民提供基本医疗保障的国家,这样的呼吁意味着什么?仅仅是一种拙劣的安抚吗?反正确保人们能够公正地获取可遗传人类基因组编辑本来就不可能(某些人认为,国家并没有义务确保人们能够公正地获取可遗传人类基因组编辑)。

2018年,英国纳菲尔德生命伦理委员会在其报告《基因组编辑和人类生殖》(*Genome Editing and Human Reproduction*)中总结,可遗传人类基因组编辑"只有在无法合理地预期它会产生或加剧社会分裂,或者会造成群体在社会中完全边缘化或处于不利地位的情况下,才允许进行"。在英国,医疗卫生由公共资助,倘有人认为(许多人的确这么认为)无法获得可遗传基因组编辑将产生或加剧社会分裂,估计政府将需要为此提供资金,以确保所有潜在受益者都能使用和获取此项技术。这是合理的期望吗?假设在未来,可遗传基因组编辑不仅限于与健康相关的干预,还包括与健康相关的预防措施,那么合理受益者可能包括"我们所有人"。一个公共资助的医疗卫生系统能负担得起吗?

此外,如果我们从政治边界或地理边界考虑公正获取问题又将如何?假设有一种经批准、安全有效但非常昂贵的可遗传人类基因组编辑β-地中海贫血干预措施。现实中每年都有成千上万的婴儿患上这种可能致命的血液遗传病,尤其是在地中海沿岸国家、北非、中东、印度、中亚和东南亚。在此情况下,确保公正获取意味着什么?谁负责公正获取?世界卫生组织是否会为可能诞下β-地中海贫血患儿的准父母支付可遗传人类基因组编辑的费用?如果会,会员国将如何分担这一责任?世界卫生组织的方案预算目前由成员国的会费和自愿捐款资助。现时,会员捐款总额不到预算的25%。

从完全不同的角度看,有人认为,要求公平获取可遗传基因组编辑是幼稚的,或不合理的,甚至两者兼而有之,因为所有卫生干预措施和许多其他潜在社会利益皆无法公平获取。无可否认,以上提及的现象均是事实,但它们与可遗传基因组编辑之间存在一个重要区别:可遗传基因组编辑的获取差别可能会永远地消除克服经济劣势和社会劣势的可能性。对这项技术的获取差别将真实地威胁"我们生而平等"的理想价值观。杰斐逊(Thomas Jefferson)在逝世前几天写下脍炙人口的格言:"普罗大众并非天生便背着马鞍,富豪贵族也并非天生穿好骑马服,理直气壮地骑上普通人前行。"这句话是否正确,取决于有财有势的精英人士能否在DNA中编码自己的特权,从而巩固甚至加剧不公正的阶级划分和其他社会不公。

**歧视、污名化和边缘化加剧**

社会习惯会以多种方式塑造歧视性的态度和信念,从而决定哪些基因和性状可取,哪些不可取。例如,进行针对唐氏综合征的产前检测,大家习以为常地使用绒毛活检术取样或羊膜腔穿刺术,目前也开始使用母体血浆进行无细胞DNA的无创产前检测。尽管有充分证据表明患有唐氏综合征的儿童及其家庭仍能生活幸福,但大多数获得唐氏综合征确诊结果的准父母选择终止妊娠。如纽芬兰纪念大学的生命伦理学家、家中有患唐氏综合征孩子的卡波西(Chris Kaposy)所言,广泛而常规化的产前检查和选择性流产的原因之一,是对某些认知障碍者根深蒂固的歧视。这些态度对唐氏综合征患者造成了伤害,减少了他们各方面的生活机会,如缔结友谊、参加就业和建立亲密关系的机会。此外,可以认为正是这些有害的态度,以及对智力和爱的相对价值的偏见,才导致准父母在胎儿被诊断出可能患唐氏综合征后决定终止妊娠。这样的决定反过来,又会加剧耻辱感和偏见,增加对可感知的缺陷的不宽容(好像我们自己有多完美似的),导致认知障碍者愈加边缘化。

除了对他人愈加不宽容这一核心问题外,个人选择终止患有认知障碍的胎儿的累积效应也会带来一些实际问题。当出生时带有所谓的不良基因和不良性状的孩子越来越少,拥有这些基因和性状的孩子及其家庭的生活就会变得日益艰难。除了愈加严重的歧视、污名化和边缘化,获得所需资源(如医疗卫生和社会服务)的机会也会减少。随着急需资源和机会的社群萎缩,能聚集在一起倡导变革的人可能也会减少。寻求支持却不成功的准父母可能会倾向于避免诞生带有所谓不良基因和不良性状的孩子,这种情况循环往复。

正如产前检测和筛查的使用已经影响了个人和社群关于哪些基因和性状可取、哪些基因和性状不可取的态度及想法,可遗传人类基因组编辑的使用也可能改变我们对哪些生命应该延续、哪些生命应该通过基因组编辑去除的态度和想法。假以时日,随着某些病症经过编辑,患者数量逐渐减少,他们本来所需的资源和机会也将随之减少。我由此醒悟,并以布兰克迈耶·伯克就人类基因组编辑对聋人社群的潜在负面影响发表的睿智评论提醒他人。她认为,任何治愈遗传性耳聋的尝试都会使聋人社群的人数减少,直至整个聋人文化消失。显然,获得所需资源很大程度上取决于蓬勃发展的社群,而这样的社群需要大量成员。

布兰克迈耶·伯克对聋人社群未来的担忧并非杞人忧天。2017年12月,一份研究报告在线发表(2018年1月付印),表示成功使用CRISPR修饰了导致某种类型的遗传性耳聋的*TMC1*基因。其时,麻省理工学院-哈佛大学博德研究所首席研究员、生物化学家刘如谦(David Liu)表示,一旦该技术在动物模型中被证明安全有效,他希望在人类中使用以治疗遗传性耳聋。此外,至少有一位中国研究者,如广州医科大学的范勇就明确指出,使用基因组编辑纠正胚胎的遗传性耳聋是合理的公共卫生举措。所有这些应敦促我们思考:可遗传人类基因组编辑会如何扭曲我们对相互宽容、睦邻友好、互惠互助、社会团结及共享共有的理解和社会承诺?

### 保险中的基因歧视

2003年联合国教科文组织《人类遗传数据宣言》(*Declaration on Human Genetic Data*)建议,包括保险公司在内的各种团体不得获取可辨别的遗传信息。今天,许多司法管辖区立法禁止健康保险或人寿保险公司获取此类信息。然而,在未来广泛使用安全有效的基因组编辑技术的年代,这样的立法可能无法保护基因疾病高危人群免受基因歧视。这是因为当前法规的重点在于用于风险评估的基因检测,而非用于增强能力的基因检测。禁止保险公司要求获得确认健康风险的基因检测结果是一回事,禁止消费者自愿提供健康相关或非健康相关的基因修饰信息是另一回事。如果经过基因组优化的个人愿意向保险公司披露信息以换取较低保费,具有未经增强基因组(可能还有不良性状)的人即便没有透露任何信息,也可能面临遗传歧视的风险。

### 知情选择

道德上有效的知情选择指的是,有行为能力人(在无行为能力人的情况下指的是代理人)根据充分的信息且在不受他人控制影响下所作出的选择。在医疗卫生和医学研究范畴,参照5个独立要素进行重新设计。前4个要素分别是行为能力、信息披露、理解能力和自愿原则。一旦满足了以上要素,第五个要素就会发挥作用,即有行为能力人(或代理人)可决定随时授权或拒绝同意书所建议和解释的内容。在决定授权医疗卫生或研究的干预措施时,通常会签署同意书。

关于理解能力和信息披露方面的要求,特别重要的是有行为能力的准研究参与者必须知道并了解他们正在参加研究,而非接受治疗。此外,他们至少应该了解研究的性质(将会发生什么)、成功的可能性、潜在的好处和危害、替代方案、隐私保护、退出研究的权力、补偿,以及研究团队方面有无潜在利益冲突。

可遗传人类基因组编辑研究要考虑的第一个问题是,需要获得谁的同意才能进行研究。准研究参与者包括:提供研究材料(生殖细胞或早期胚胎)的人;胚胎本身;有计划启动妊娠,接受胚胎移植的女性。根据研究计划安排,提供卵子的女性和接受胚胎移植的女性可以是同一名女性。

一些人批评可遗传人类基因组编辑,理由是接受基因修饰的胚胎没有同意。这不过是个幌子,胚胎本来就没有同意任何影响其遗传性状的因素。例如,它们没有同意生母在妊娠期间服用叶酸——尽管那说不定有好处;它们没有同意生父吸烟或在有毒的环境中工作——那意味着潜在的危害;它们没有同意亲生父母选择成为父母的年龄——那对它们未来的健康和福祉有着重大影响。类似的例子还有很多。胚胎不会同意任何事情,因为它们并非具备同意能力的有行为能力人。

然而,具有行为能力的女性研究参与者的同意至关重要。目前,我们对可遗传人类基因组编辑的同意书或程序的质量知之甚少,却已经在2018年11月得到了经基因修饰的胚胎诞生的双胞胎女孩这一戏剧性研究成果。如前所述,这一研究成果出自贺建奎之手,当时,他是位于中国深圳的南方科技大学的副教授,也是瀚海基因生物科技有限公司的创始人兼董事长。

在香港举行的2018年国际人类基因组编辑峰会上,贺建奎发表了研究报告,我在网上观看了直播,也参与了即时推特互动。我对向他提出的关于同意程序的问题和评论的性质、数量感到震惊。他被问到,获得研究参与同意的人是否接受过接受同意的培训。有人问了关于长期随访计划(他在演示中指出随访计划将持续到18岁)的细节。他被要求把同意书上传到网站bioRxiv.org(生物档案)。在我看来,这些评论大多充满敌意且道貌岸然。根据我的经验,科学家从未对仔细研究人类生殖系基因组编辑所使用的同意书或程序表现出如此浓厚的兴趣。不过当然,所有其他研究人员都没有将修饰过的人类胚胎用于生殖目的。还是说,其实也有呢?

2017年秋季,当我检阅米塔利波夫的生殖系基因组编辑取卵研究同意书时,我惊讶地读到:"研究人员将尝试同步您捐献卵子的时间与另一位研究参与者的时间。为达成目的,您可能会被要求在某一天开始研究访问。"我想知道为何供卵者需要与其他研究参与者同步,而这些其他参与者是谁?当我向批准该研究的俄勒冈健康与科学大学机构审查委员询问研究同意书中的声明,对方向我保证这一段话是被错误包含在同意书中,事实上并无卵子接受者。俄勒冈健康与科学大学审查委员给我的落款时间为2018年5月4日的回信中写道:"我们确认,在任何情况下,胚胎都不会被移植到受体子宫中以建立妊娠。"但怎么会出现这样的错误呢?更重要的是,如果女性研究参与者签署了一份包含此声明的研究同意书,她们到底是否理解自己签署同意的内容?

波蒂厄斯(Matthew Porteus)是一位致力于人类造血干细胞基因组编辑的临床医生,也是对贺建奎使用的同意书和程序持批评态度的科学家之一。他是2017年美国《人类基因组编辑》(*Human Genome Editing*)报告和2018年峰会声明《关于人类基因组编辑Ⅱ》(*On Human Genome Editing Ⅱ*)的合著者,他与其他一些美国科学家知道贺建奎的实验涉及基因编辑的胚胎。双胞胎的出生于2018年国际人类基因组编辑峰会召开几天前宣布,在此之前,波蒂厄斯及其他知情的美国科学家不发一言。会议上,在贺建奎的会议演示后,波蒂厄斯是向他提问的两人之一。事后,他向斯坦福大学的听众描述发问的过程:

> 我是一名医学博士,我有同意人们参与临床试验的经验。如我所言,我们正在开发CRISPR编辑的临床试验,我知道在美国……同意书需经过数百人审核。我知道建奎是一名生物物理学家,我知道……他没有接受这方面的培训,于是我

问:"同意书是谁起草的?""在你向患者展示同意书之前,有多少人审阅过同意书?"他回答,"4,4个人"……在场观众倒吸一口凉气。

我相信,远不止4人审阅过米塔利波夫在研究中使用的同意书(我猜有数百人),但同意书依然存在严重错误。据我所知,迄今为止,没有人对该同意书或对进行人类生殖系基因组编辑研究的任何科学家所使用的同意书的质量进行过独立审查。波蒂厄斯在他的评论中将"同意"用作及物动词,不经意间表明了同意参与研究的另一个普遍问题。当邀请患者参加研究时,目标应该是获得知情后的选择(同意或拒绝),而非同意某个人参与项目。

回到贺建奎的研究,我们得知该项目涉及7对夫妻,其中男性伴侣感染了艾滋病病毒,而女性伴侣没有感染。最初有8对夫妇,其中1对夫妇退出了,这表明参与者享有退出权。不过,根据研究同意书,退出权是受限制的:在成功植入胚胎后,倘决定退出项目,则需偿还研究小组产生的所有费用,并可能被处以罚款。这些规定肯定会影响自愿性——知情选择的关键要素之一。自愿性也可能由于不正当诱导而受到损害。研究参与者将被免除体外受精及相关医疗费用。贺建奎的项目除了为研究参与者提供免费的生育治疗,还提供工作中断津贴、租金(两个月住院费用——分娩前一个月和出生后一个月)、支持性护理(看护)、每日津贴、必要时进行人工流产,以及任何后代的保险费用。根据研究小组计算,计划的总价值为280 000人民币(约42 000美元)。

那信息披露——知情选择的另一个关键要素——又如何?研究目标是让参与研究的夫妇获得对HIV感染具有抵抗力的遗传相关的孩子。参加研究的夫妇对此了解吗?我阅读了"知情同意书"表格的英文版("女性3.0"版),准备参与研究的女性应该阅读了此版本的中文版。此版本开篇便将研究描述为"艾滋病疫苗开发项目"。在同一页的稍后部分(在简短而难懂的研究方法介绍之后)写道:“这种技术也许可以产生一个对艾滋病自然免疫的试管婴儿。”同样在第一页上,技术目标被描述为“生产能够抵御HIV-1病毒的婴儿”。同意书内容表明,可以合理推测,女性研究参与者(表格标识为志愿者)知道自己正在参加研究,且已经了解总体研究目标。

但其他信息披露的要求,如有关研究性质、成功的可能性、潜在的好处和危害、替代方案、隐私保护、退出权、补偿,以及研究团队任何的潜在利益冲突等信息呢?有关基因组编辑研究方面的信息有限且技术含量极高,研究参与者难以轻易理解。至于成功的可能性,同意书中包含陈述语句“该研究项目可能会帮助您诞下抗HIV的婴儿”,可以说这是一个模糊不清、具有误导性的说法。此外,同意书上关于潜在好处和危害的信息并不完整,并无关于替代方案的信息,仅有关于保护隐私的部分信息,有关于退出权的不适当(可能具有强制性的)信息,有大量关于补偿的信息,无任何关于利益冲突的信息。鉴于以上不足,女性参与者同意参加CRISPR基因组编辑研究的伦理有效性受到高度质疑。

### 机会成本

目前,大量时间、人力和财力被投入人类生殖系基因组编辑研究。虽然目前我不清楚全球范围内的投资金额,但我估计数目不小。投资中有一部分来自私营部门,一部分来自政府(税金),一部分来自慈善机构或其他出资者。同时,目前暂且没有任何政府或组织承诺,倘可遗传人类基因组编辑技术被证明安全、有效且适合使用,他们会为其交付使用(用于健康相关或非健康相关目的)支付费用。因此大致上可以预测,未来只有极少数人可能从可遗传人类基因组编辑中受益。这种情况迫使我们考虑在科学和技术上投入大量资源,以使极少数人有朝一日能够购买这种“奢侈品”的机会成本。是否有其他有价值的研究因为这项投资而被搁置？还有哪些其他优先事项（例如对粮食安全、环境退化和全球气候变化的研究）未获满足？或者，更狭义地讲，还有哪些其他医疗需求资金不足？

但有人认为，这种论证与目前在罕见病研究中的实践相冲突，目前研究是把资源投在开发单基因疾病的基因疗法上。而且，某种疾病的罕见程度决不应使我们放弃或拒绝帮助。这言之有理，但并不能完全解决机会成本问题，因为机会成本并非要抛下什么人，而是要明智地使用有限的资源。在第二章中详细介绍的格利贝拉的例子就是一个警世寓言。这种基因疗法所帮助的疾病非常罕见，且治疗费用极高，目前该疗法已不复存在。

### 胚胎研究

实证研究表明，对于预防新生儿严重遗传病的基因组编辑研究的支持力度十足，但如果研究涉及人类胚胎，支持将大大减少。例如，2018年皮尤研究中心的调查涉及2537名成年人，调查的重点是“未出生婴儿”中的基因编辑，而基因编辑到底涉及胚胎（生殖系基因组编辑）抑或胎儿（体细胞基因组编辑），则没有说明。

在调查范围内，有72%的受访者（76%的男性和68%的女性）支持改变未出生婴儿的基因以“治疗婴儿出生时的严重疾病或状况”，而60%的受访者（65%的男性和54%的女性）赞成改变未出生婴儿的基因，以“降低其可能患上某种严重疾病的风险”。调查回答中的性别差异很重要，因为接受体外受精并妊娠的是女性。根据不同情况，女性可能会经受流产或分娩。

这项调查也证实，涉及人类胚胎的研究显然缺乏支持，倘需要对人类胚胎进行检测，就只有33%的受访者（43%的男性和24%的女性）支持基因编辑，而65%的受访者认为这是滥用技术。这一发现与皮尤研究中心2016年的调查结果一致：当被问及如果基因编辑涉及胚胎研究，是更可接受还是更不可接受，54%的人认为“更不可接受”，11%的人回答“更可接受”，32%的人表示“没有区别”。

这种意见分歧——支持基因组编辑研究以预防未出生婴儿患严重疾病，却不大支持涉及胚胎的基因组编辑研究——可能有两种解释。第一种可能性是，调查对象不明白人类胚胎研究是达成他们认可的目的的可能手段。另一种可能性是，调查对象希望研究者社群开发出不涉及胚胎研究的手段。

有趣的是，在美国，关于人类胚胎干细胞研究也产生了类似争论。许多希望以干细胞治疗帕金森病、脊髓损伤、糖尿病及其他一系列健康问题的人并不支持人类胚胎干细胞研究，因其会破坏人类胚胎。2001年，美国总统布什(George W. Bush)发布了一项暂停人类胚胎干细胞研究的联邦资金禁令，并鼓励科学家开发替代性的有效手段来实现干细胞治疗。几年后，科学家成功地对成熟细胞进行了重编程，使其表现得像胚胎干细胞，从而有可能避免(或至少降低)对胚胎干细胞研究的需求。可能一些参与过人类基因组编辑的调查对象还记得这段历史，或者也许部分调查对象并不知道这段历史，只是碰巧对人类胚胎持有类似观点，并希望研究人员找到其他方法来实现突破。对于许多人而言，“受孕时刻”所产生的人类胚胎的道德地位以及人类生命的尊严仍然是重要的伦理问题。

从事人类胚胎研究的科学家不认同这些担忧。他们认为，发育中的人类胚胎与人的道德地位不同。他们强调了生物发展的连续性，并指出被广泛接受的涉及人类胚胎研究的14天限制。从他们的角度来看，人类胚胎也许应得到深切尊重，但这种尊重并非指胚胎从受孕开始便享有生命权。发育的第14天是相关的道德分界线，因为在此时间点前，人类胚胎还没有发育出原条，即神经系统和大脑的前体。有人说，赋予我们道德地位的是复杂的智力和情感能力的独特结合，以及我们承受痛苦和有意识体验的能力。在人类胚胎具备这些能力之前，还没有获得"受保护的人类生命"的地位。14天限制的另一个论点与孪生和重组现象有关。孪生指在14天之前，一个胚胎分裂成相同的双胞胎（如果分离不完全，则是连体双胞胎）。重组指在14天之前，两个胚胎结合形成一个嵌合体（例如，寄生胎）。从这个角度来看，在人类胚胎成为独特的个体之前，并不具有与人相同的道德地位。

尽管关于发育中的人类胚胎的道德地位有着以上各种互补看法，科学家仍将在可行的情况下，在研究中使用无生命人类胚胎，以免不必要地冒犯他人。无生命人类胚胎是由于遗传问题或代谢紊乱而没有内在潜力进行发育的胚胎。这些胚胎无法发育成胎儿，因此不会用于繁殖。它们可被直接丢弃，也可以在丢弃之前用于研究或指导。CRISPR基因组编辑在人类胚胎中的使用于2015年首次报道，该研究使用了无生命胚胎，准确而言是三核胚胎，其中卵子由两个精子而非一个精子受精。

**对我们共同遗产的威胁**

联合国、国际人类基因组组织和欧洲委员会都将人类基因组确定为我们共同遗产的一部分。联合国教科文组织在1997年《世界人类基因组与人权宣言》(*Universal Declaration on the Human Genome and Human Rights*)的第一条中规定："人类基因组是人类大家庭所有成员根本团结的基础，也是其每个成员固有的尊严和多样性的基础。从象征意义上讲，它是人类的共同遗产。"1996年，国际人类基因组组织发表的《关于遗传学研究的原则性行为声明》(*Statement on the Principled Conduct of Genetic Research*)中列出的4条原则中的首条便是"认识到人类基因组是人类共同遗产的一部分"。1997年，《奥维耶多公约》(*Oviedo*

*Convention*)在其关于反歧视的声明中将人类基因组称为人类的基因遗产:“禁止基于一个人的基因遗传对其进行任何形式的歧视。”同样,在某些国家(例如法国),人类基因组被认为代表了人类的共同遗产。

尽管“人类基因组是我们共同遗产的一部分”有各种合理阐释,但我认为,它至少肯定地表明,我们在“保护”人类基因组以造福人类方面有着共同利益。有人将其解释为人类基因组归所有人所有。有人则坚持,没有人拥有人类基因组,它是一种公共资源,而我们有共同的责任来管理它,以造福每一个人。由此,这一责任促使国际社会有义务合作,制定纳入广泛公众意见的公平公正的政策。

**违反神圣或自然法则**

有人坚持认为,我们的本性是为了更好地发展自己,而可遗传人类基因组编辑是达到这一目的的适当手段;另一些人则坚称,某些神圣或自然的界线绝不应跨越。基督教、犹太教和伊斯兰教等各种宗教的信徒认为,人是神所命定的,也就是说,人类基因组的起源是神。因此,人类试图接管人类进化的企图被视为有误导性的“扮演上帝”。在皮尤研究中心2016年对“基因编辑”态度的调查中,30%的受访者表示人类基因编辑在道德上不可接受。在这部分受访者中,34%认为这关乎改变“上帝的计划”——“上帝是造物主。扰乱DNA等同越界。”“上帝造物本就完美,我们不应随意‘编辑’。”

某些人认为,大自然是神圣的。在2016年的同一项调查中,认为人类基因编辑在道德上不可接受的人群中,有26%表示人类基因编辑将“破坏自然,越过一条我们不应该跨越的界线”:“这是在扰乱自然,绝不会有好结果。”“一旦我们开始对婴儿进行基因编辑,还有什么不能做的呢?”从这个角度来看,可遗传人类基因组编辑是不自然的,因其扰乱了事件的自然进程。理想的人类基因组随着时间推移进化而来,人类

不应修补大自然已经完善的东西。引用总统生命伦理委员会的报告《治疗之外》(*Beyond Therapy*)里的一段话:

> 人们对除了治疗以外的生物技术工程前景的普遍看法是"人在扮演上帝"。倘仔细思考,实际上,无论是持有各种神学信仰的人还是完全没有信仰的人,都有着同样的忧虑。有时候,这种指控意味着自以为是的放肆行为,试图改变上帝钦定或大自然创造的事物,或改变无论出于什么原因都不应该被摆弄的东西。有时候,指控并不在于篡夺上帝般的力量,而在于缺乏上帝般的知识,却偏要任性而为之:要扮演上帝,但缺乏智慧且表现傲慢。

在2015年,美国国立卫生研究院主任柯林斯(Francis Collins)表示:"人类基因组通过进化一直不断优化,这已经持续了38.5亿年。我们真的认为一小撮人类基因组研究人员可以比这做得更好,而不产生各种意外后果吗?"

除却对傲慢行为的担忧,另一个担忧在于,由于我们理解力有限,可能会在无意中损害遗传基因。再次引用总统生命伦理委员会的报告:"人类的身体和精神历经亿万年渐进和精妙的进化,变得高度复杂且保持着微妙平衡,在考虑不周的'改进'尝试中几乎肯定会面临风险。""基因和性状(或蛋白质)之间并没有简单的一一对应关系,因为各种基因在发育过程中以复杂的方式相互作用,基因与表型性状之间的关系是多对多的。"基因(或更具体地说,它们编码的蛋白质)在不同的人甚至在同一个人的不同器官中发挥着不同作用。此外,一个基因可能有多重作用。以导致镰状细胞贫血的基因为例,红细胞携带氧气和营养物质运往全身,遗传两个血红蛋白基因镰状细胞突变体的人将患有镰状细胞贫血——一种影响红细胞的血液疾病。然而,只有一个镰状细胞基因拷贝的人会对疟原虫有抵抗力。鉴于我们对基因功能的了解有限,似乎有理由担心,玩弄基因会导致意想不到的伤害。

• • •

根据皮尤研究中心2018年的调查,超过一半的美国人(58%)认为,可遗传人类基因组编辑技术很可能加剧不平等。几乎同样比例的美国人(54%)预计,可遗传人类基因组编辑将以道德上不可接受的方式使用。略少于半数美国人(46%)相信,可遗传人类基因组编辑将在其潜在健康风险尚未被充分了解的情况下被引入。尽管有着以上预期的有害后果,仍有52%的美国人预计可遗传人类基因组编辑将在未来50年内实现。如果人们能够轻易看到可遗传人类基因组编辑的一些严重的潜在有害后果,为什么有那么多人相信这项技术的发展和使用是不可避免的?一个合理的假设是,由于调查的结构及其精简的内容,调查对象难以想象其他可能。另一个合理的假设是,像美国生物技术学家、领导私营部门绘制人类基因组图谱的文特(Graig Venter)一样,调查受访者认为"我们的物种,特别是拥有编辑和生殖技术的人,将不遗余力地试图增进已知正面性状,消除疾病风险,或从未来后代身上消除已知负面性状"。

几年前,生物哲学家兼生命伦理学家罗伯特(Jason Scott Robert)与我合撰了关于基因增强技术的必然性的文章。概括地说,我们把这个世界描述为"一个资本主义世界,一个不顾一切的自由主义世界,一个由好奇心驱使、充满竞争的世界"。接着,我们解释,第一,在这样一个世界,我们支持(或宽容,取决于你的观点)不受限制的资本主义和空洞的消费主义。只要有买家和潜在利润,就会有卖家。第二,在这样一个符合个人选择自由的西方范式的世界,有能力的成年人可以按自己的意愿签订合同。如果某人想要某种东西并有能力支付,则没有人会阻碍他。第三,在这样一个世界,研究自由是任何和所有研究的辩护理由。第四，也是最后一点，在这样一个世界，竞争和成功同等重要——“如果一件事可以做到，那就一定会被做到，所以我们应该抢先做到”。于是，在这样一个世界，可遗传人类基因组编辑无可避免。需要补充的还有这样一个观念，即我们想要控制人类进化的故事并塑造自己的命运合情合理。哈里斯阐述这一信念，提出“干预所谓的自然生命彩票是明智而必要的，通过控制进化以及我们的未来发展来改善事物，直到一定程度甚至超越一定程度，直到人类或许变成一个新的、当然是更好的物种”。

在人类生存的关键时刻，有理由相信科学家很快就能改变我们的进化道路，作为全球公民，我们应该如何理解摆在面前的选择，应该选择什么？这个问题使我想起，有时技术会颠覆其本应达到的目的，例如，有人因住院反倒生起病来。哲学家兼牧师伊利奇（Ivan Illich）称之为“矛盾的反生产力”。在解释这个概念时，哲学家艾伦（Barry Allen）写道：

> 汽车和高速公路原本应使人们更加机动，但当交通拥堵和燃料短缺使我们无法动弹，该系统便适得其反。本应有更多医院、医生和健康保险使我们更健康，然而，当医源性疾病*的发病率……与汽车事故和工业事故引起的伤病率相当，该系统也会适得其反。

可遗传人类基因组编辑可能会促进人类繁荣发展，也有可能并非如此。特别是有理由认为，特定的增强提高并不能使我们的生活“变得更好”。例如，使用可遗传人类基因组编辑来增加身高，最初可能会为某些人——比如希望成为职业篮球员的人——带来社会优势和经济优

* 医源性疾病（iatrogenic disease），指因诊断或治疗措施引起的疾病。——译者

势。但是,如果这部分人要不断增高,以保持相对于彼此而言的地位优势,那么最终结果可能是严重的社会劣势。正如哲学家布罗克(Dan Brock)指出,超过一定高度将带来不利后果。他表示:“我们的社会是为身高基本不超过2米的人所建造的,因此总体而言,长到3米高对几乎任何人类社会都有害。按照自然规则,长得太高不适合与人类做伴。”

从另一个角度来看,利用基因组编辑改变衰老进程并延长寿命可能会导致社会混乱。要是少数人能够将平均寿命延长到150年左右,那会怎样?那将严重破坏我们目前的许多社会制度和习俗。例如,就业和退休。预期生活到150岁的人是否应该在65岁左右退休?再例如婚姻、民事结合或其他合法承认的长期生活安排。当一个人能活到150岁,向伴侣承诺某种形式的“拥有并珍惜你……无论顺境逆境、富裕贫穷、病痛健康,直到死亡将我们分离”意味着什么?与其一开始就假设这种结合会持续一生,是否不如制订一系列有时间限制的同居协议?那建立家庭又如何?随着我们不断开发新技术来解决与年龄相关的不孕不育,寿命延长的夫妇80多岁生孩子合理吗?第二个、第三个和第四个家庭会否成为某些人的常态,且每个家庭里都有孩子诞生?

可遗传基因组编辑的坚定拥护者要求我们看到这项技术的好处。反对者提醒我们注意无数的潜在危害,并告诫我们不要妄自尊大。还有一些人则强调公众对话的重要性,并试图将自己定位为这种对话中知识渊博的贡献者。在我批判性地审视科学专家和伦理学专家在决策里可能扮演的角色之前,让我们先探讨一下慢科学。

第七章

# 慢科学

2010年，柏林慢科学学院发布了《慢科学宣言》(The Slow Science Manifesto)，在其中大胆地声明：

> 我们是科学家。我们不写博客。我们不发推特。我们花时间认真做事……
>
> 科学需要时间思考。科学需要时间阅读，也需要时间失败。科学并不总是知道自己所处的状态。科学的发展并不稳定，有时磕磕碰碰，有时猛然飞跃——与此同时，科学的发展非常缓慢，为此必须给予空间，任其发展。

罗森(Rebecca Rosen)解释，《慢科学宣言》恳求"研究人员放慢速度，远离电脑，花费多一些时间思考重大问题"。

宣言发表后，2013年，比利时科学哲学家斯坦厄斯(Isabelle Stengers)的《另一种科学是可能的》(*Une autre science est possible!*)出版。在这本书中，斯坦厄斯表达了对科学日益增强的竞争性、科学的私有化以及推动速成事实生成以满足知识经济的动力的担忧。她也关注商业利益如何影响科学的研究进程，甚至有时会影响公众利益。

斯坦厄斯和慢科学学院的成员都不否认快科学的潜在好处。引用宣言中的话："不要误会我们，我们确实**赞同**21世纪初加速发展的科学。我们赞同同行评议期刊及其影响的持续增长;我们赞同科学博客、媒体公关的必要性;我们赞同所有学科的专业化和多样化。我们也赞同运用于医疗卫生和未来繁荣的研究。”斯坦厄斯和其他慢科学倡导者想要的是科学和科学家作出与社会相关的贡献,而这些贡献不一定会对知识经济作出贡献。在他们看来,只有当科学家能够花时间进行协商、思考、质疑、探索、解释和回应,与社会相关的科学才能发生。正如斯坦厄斯的翻译穆克(Stephen Muecke)所写:“斯坦厄斯认为,为了使科学家的工作具有相关性,他们必须与更广大的公众协商,并尊重公众的提问。比如:你为什么要做这项工作?它的将来用途是什么?”同时,“公众也许要作好等待答案的准备,因为科学家们‘仍在努力’”。

从这一角度来看,慢科学可以被解释为对社会公正的呼吁,因为它需要足够长的时间来提出和回答重大问题,例如“这门科学将如何改善人类的状况”,以及一些不那么雄心勃勃的问题,比如“这门科学能用来做什么”。分配公正关注的是研究利益和研究负担的公平分配,而社会公正关注的是在制定研究议程和进行研究时的公平公正关系。社会公正的首要目标是促进(而非恶化)社会中的公平公正关系。据我估计,慢科学要求科学家、科学界,甚至我们所有人,都要仔细地、批判地思考科学的手段,即其激动人心的主意和可能性,以及科学的目的,即改进我们生活其中的世界所需的新知识。

• • •

慢科学建立在20世纪80年代的慢食运动原理上。在西方国家,速度快和分量大被认为是(足够)好的食物的界定特征,而慢食运动是对快餐生活的回应。慢食运动的支持者坚持,快速和量大并非好食物的标志,更具体来说,由营养价值和口味决定的质量,远比数量重要。今天,该运动的主要目标是抵制农业综合企业,支持小规模生产者。这包括促进食品(和葡萄酒)文化,保护生物多样性,关心“生产我们食物的人、传统、植物、动物、肥沃的土壤和水源”，并鼓励“粮食政策、生产实践和市场力量的转变，以确保我们吃食物时的公平性、可持续性和愉悦性”。与之相似，慢科学运动的目标是与快科学抗衡，同时激发科学政策和实践的变革，以确保公平性、可持续性和普遍福祉。

因此，慢科学挑战了科学中占主导地位、主要由个人利益和商业利益推动的速度文化。在学术界，科学家的专业成功在很大程度上取决于发表论文数、论文被引用情况、研究经费额度和专利数量，且多多益善。在商业上，成功取决于产生可以迅速套现、获得快速利润的“速成事实”的能力。满足这些指标的压力解释了虚假论文、无德期刊* 和会议数量的增加，以及产品上市后安全问题的增加——这些问题导致黑框警告**、安全警报以及药品和生物制品撤回情况增加。

斯坦厄斯指出，快科学的首要风险是“所谓‘事实’全速累积，但再也没有人能真正了解‘事实’的含义”。“速成事实”的质量和可靠性存疑，这往往成为媒体报道、传播的主题。与质量和可靠性相关的问题，可能出于不良的研究设计、错误、认知偏差（有时称为动机性推理）、欺诈，或监管和治理不到位。这在一定程度上解释了为什么一些已发表的研究结果，尤其是媒体反响较大的结果，有的后来被发现有误，而后遭到驳斥，有的被发现有所夸大，而后需要修改。

慢科学邀请科学家和科学界深入思考，他们的时间和才能如何帮助实现社会目标而非商业目标，并批判性地评估科学家把科学和技术

---

* 无德期刊（predatory journal），指为了追求经济利益（如作者的版面费和商业经济资助）而没有履行传统出版商义务和责任（如保证论文等的质量、保证学术伦理等）的期刊。——译者

** 黑框警告全称是 Black Box Warning（亦作 Black Label Warning 或 Boxed Warning），是由美国食品药品监督管理局发出的警告，用于警告医生和患者某样有潜在风险和严重不良反应及安全问题的药品。此警告必须以被黑框圈住的形式出现在相应药品的包装盒外或盒内明显的地方。——译者

作为个人和商业成功的手段进行开发、生产、宣传的前景。要考虑的问题是:"科学的目标和目的应当是什么?"慢科学鼓励反思研究的政策和实践(例如竞争和保密),以确定其是否促进了共同利益,如果促进了共同利益,又是如何促进的。

一般而言,共同利益关注的是作为集体一部分的每个人的福利权益,而不仅仅是某一特定社群、民族、种族或族裔群体、社会经济群体等的福利权益。共同利益关乎共享权益,例如对生存和普遍福祉皆至关重要的健康和安全。最重要的是,对于共同利益而言,没有"我们和他们"(例如"他们"指科学家),只有"我们所有人"。

因此,共同利益是我们所有人以及子孙后代的共同福祉所在。这种共同福祉包括我们共同承担责任并从中获得符合集体利益的全球公共物品。传统上,这些公共物品包括当代及后代维持生命所需的物质资源,例如空气和水,以及例如阳光、和平、秩序、安全和公共安全等无形利益。最近,人类基因组已被添加到列表中。加拿大律师诺普斯(Bartha Maria Knoppers)的工作涉及法律、政策和道德的交叉领域,她也是国际人类基因组组织道德委员会(现称伦理、法律与社会委员会)的前主席,她坚称:

> 国际上,人们日益认识到并确认,在物种层面,人类基因组是人类的共同遗产……"人类共同遗产"的概念意味着,在人类基因组的集体层面上,就如外太空和海洋,任何民族国家都不可能独占。这一意见的其他特点包括和平和负责任的国际管理或监护,以期造福子孙后代,人人能平等使用。

慢科学与促进共同利益的目标(包括人类基因组的共享权益)相关,它邀请我们思考,人类基因组修饰计划的负责任管理和公平获取意味着什么,基因组编辑能造福我们所有人吗?

• • •

快科学启发了由个人利益和商业利益驱动的科学。据说"硅谷的口头禅是快速行动,打破常规"。快科学不仅仅关于科学,还涉及科学事业的职业发展,以及由此产生的"产品"的适销性和盈利能力。

快科学鼓励我们将科学视为冲刺(一场短跑比赛),倘若用"冲刺"不够恰当,那它就是一场"马拉松障碍赛"。可是,以上比喻并没有抓住当今科学实践的真相。今天的科学更像是竞技性的定向运动,参赛者须在地势险峻、没有标识的场地中绕开障碍物。路途中,我们必须作出选择:是走距离较近,需要攀山越岭,沿途会碰上溪流、沼泽、巨石、沟渠、栅栏和牛羚的路径,还是长而蜿蜒,但障碍较少的道路?同时牢记:赢得比赛才是首要目标。与定向运动的唯一区别在于,科学探索之路既没有地图,也没有指南针。

值得注意的是,这些竞赛隐喻都把科学描绘成一种竞争性努力,速度快才会有奖励。但是,如果科学是一种以社会利益为共同目标的合作努力呢?如果好的科学需要共享知识,并利用共享知识制订一个旨在改善我们世界的全球研究路线图呢?如果好的科学是奖励积极参与给我们所有人带来丰硕成果的研究设计的科学呢?对于真心相信科学进步须通过竞争来实现的人而言,这些"如果"都太天真了。

快科学在20世纪末21世纪初蓬勃发展,其时,竞争性科学不断增长,政府对科学的资助减少。为了应对政府资金减少,一些国家寻求通过结构多样的公私合作来资助科学研究。其中一些伙伴关系涉及以研究补助金和薪金奖励的形式向公共资助但日益法人化的大学转移税收。在某些情况下,行业合作伙伴从一开始就存在。在另一些例子中,眼见商业化机会即将出现,合作伙伴便会出现。在这种情况下,研究发现变得商业化,对提供初始风险投资的纳税人而言,没有或鲜有直接投资回报。

如今，快科学是竞争激烈的行业，利益相关者非常关心谁拥有新知识，谁能从中获利。这在医疗卫生领域尤其明显。例如，原则上，制药业的存在是为了使当前和未来的患者受益。但实际上，这个行业的存在似乎首先要为公司所有者和股东赚钱，其次才是帮助患者。现行的做法促进竞争，但其实，合作能够更有效地促进新知识的及时生产、积累和翻译。

医疗卫生中的知识翻译理应助力知识的传播和交流，以改善医疗卫生服务和产品。可是，当前的实践是在公共部门中生产和积累知识，然后将其转移到私营部门，将其商品化后再转售给公众以获取利润。随着这种做法规范化，学术界的科学家们现已学会提前思考并采取行动，好为自己、大学和私人公司带来竞争优势和商业优势。对知识产权所有权的担忧在制药行业尤为明显，在学术实验室里也愈加如此。例如，一些大学现在向教员和博士后研究人员提供资助，以换取未来专利的占有比例。由此，他们希望从校园产生的知识中获取经济利益。

• • •

在医疗卫生领域，从实验室研究到可用于患者的道路漫长而艰巨。例如，在美国，新药上市平均需要12年，而新装置上市平均需要7年，这还只是从临床前试验过渡到临床使用的时间。然而，通过可遗传人类基因组编辑，科学发展的步伐更快了——2015年，可遗传人类基因组编辑在实验室得到原理验证，到2018年，经过可遗传人类基因组编辑的双胞胎女孩便诞生了。

2015年春天，广州中山大学的黄军就及其同事发表研究，描述了首次在人类早期无生命胚胎中使用CRISPR基因组编辑技术，这些胚胎由于生物学原因，不能发育成新的个体。该研究总共涉及86个无生命胚胎，目的是纠正导致β-地中海贫血的*HBB*基因的突变。研究的详细论文稿件于2015年3月30日提交《蛋白质与细胞》(*Protein & Cell*)，之前曾被著名期刊《自然》(*Nature*)和《科学》(*Science*)拒稿。论文于2015年4月1日(提交两天后)被接收,于2015年4月18日在线发表,并在期刊的5月号上印刷发行。无论怎样,从提交到接收才两天,从接收到在线发布也不过两个半星期,这速度实在令人难以置信。然而,该期刊5月的社论声称,发表该文章的决定"经过谨慎考虑和商讨"。

一年后,中国的另一个研究小组出版了第二篇关于无生命人类胚胎生殖系基因组编辑的论文。这项研究涉及213个无生命胚胎,目标是与HIV抵抗力相关的*CCR5Δ32*等位基因。研究人员证实了他们在研究中遇到的诸多重大技术障碍,尽管如此,他们仍预见日后基因组编辑将被改进,与体外受精结合使用,以创建经过基因修饰的人类。他们告诫要谨慎使用此技术,并明确指出需要"立即关注"其监管。尽管他们已提出警告,但不到两年,已经明确预见并作出告诫的一切成为现实。

北美时间2018年11月25日星期日晚上(北京时间2018年11月26日星期一早晨),雷加拉多爆料,中国正在"大胆地努力"制造世界上第一个CRISPR婴儿。几个小时后,北美时间2018年11月26日,美联社的马基翁(Marilynn Marchione)报道,这些大胆的努力确实带来了一对双胞胎女孩露露和娜娜的诞生,她们的基因组经过修饰,使其能够抵抗HIV感染。美联社一直在采访和拍摄研究带头人贺建奎。同一天,他在YouTube上发布了一系列宣传视频,解释了他所做的试验,并证实一对双胞胎女孩"几周前像其他婴儿一样健康地啼哭着来到这个世界"。几个月后的报道披露,这对双胞胎在10月18日经紧急剖宫产早产,并住院数周。直到今天,还没有同行评议的科学出版物解释这项研究,且可能永远也不会有。所有这些皆发生在2018年11月27日于香港召开的第二届国际人类基因组编辑峰会开幕前几天内。

那么,从2015年春季发表关于人类无生命胚胎的研究到2018年秋季全球首对人类基因组编辑婴儿诞生,中间到底发生了什么?简短的回答是，在过渡时期，快科学及其盟友快伦理规避了任何关于暂停研究的讨论，从而有效回避是否应该允许可遗传人类基因组编辑研究的问题。下面是更详细的回答。

• • •

针对黄军就及其同事于2015年四五月发表的关于CRISPR技术首次运用于人类无生命胚胎基因组的文章，美国国家科学院和美国国家医学院以不同寻常的速度召开了国际人类基因编辑峰会。会议于2015年12月举行，由美国国家科学院、美国国家医学院、英国皇家学会和中国科学院共同主办。会议共三天，来自20个国家的大约500人参与会议，另有来自71个国家和地区的3000人在线观看。最后，峰会的12人组委会——其中大部分(12名成员中的10名)为科学家，大部分(12名成员中的9名)为男性——发表了题为《关于人类基因编辑》(*On human Gene Editing*)的正式声明。关于可遗传人类基因组编辑，组委会确认：

> 除非并直到出现以下情况，否则进行生殖系编辑的任何临床使用都是不负责任的：(1)基于对各种风险、潜在利益和替代方法的适当理解和平衡，解决了相关的安全性和功效性问题；(2)针对所提出申请的适当性，在社会上达成广泛共识。

由此，2015年的国际人类基因编辑峰会组委会——我是成员之一——引入了一个由两部分组成的精妙道德框架，以针对将来可能进行的可遗传基因组编辑研究。第一个要素涉及安全性和有效性，此标准无可争议，因为没有人想促进不安全的干预措施，或尽管安全却不起作用的干预措施。然而，重要的是，安全性和有效性是门槛概念：在某个时刻，须有某个权威机构确定该技术是否“足够安全”和“足够有效”，以证明涉及人类的首次临床试验的合理性。第二个要素强调广泛的社会共识的重要性,这也是一个门槛概念:在某个时刻,须有权威机构决定社会争论是否得到充分解决并达成广泛的社会共识。

为了满足“关于拟议申请的适当性的广泛社会共识”的要求,该声明呼吁建立一个持续性的国际论坛,邀请众多参与者“建立关于人类生殖系编辑可接受用途的规范,并协调规章制度,以便在促进人类健康和福祉的同时,禁止不可接受的活动”。为确保观点的多样性,声明附上潜在参与者的说明性清单,其中提及“生物医学科学家、社会科学家、伦理学家、医疗卫生提供者、患者及其家属、残障人士、政策制定者、监管机构、研究资助者、信仰领袖、公益倡导者、行业代表和普通公众”。

值得注意的是,由于政治和其他原因(主要是一些委员会成员担心暂停研究会被误认为永久禁令,或者真的会成为永久禁令),2015年的峰会声明中没有使用“暂停”一词。尽管如此,记者及其他人对结论性发言大多以此描述(我认为那是正确的)。根据定义,暂停是一种“暂时的禁止”,每个人都同意在此期间应该停止进行可遗传人类基因组编辑。

峰会过后,美国国家科学院和医学院立即成立了一个(专长主要在科学和法律方面的)22人专家委员会,开始了为期一年的人类基因组编辑研究,以“研究在生物医学研究和医学中使用基因组编辑技术的科学基础以及临床、伦理、法律和社会意义”。2017年2月,委员会出版了《人类基因组编辑》,报告确定了人类基因组编辑的一些首要原则(促进福祉、信息透明、小心谨慎、负责科学、尊重个人、注重公平和跨国合作),并得出结论:在某些情况下,“应允许使用可遗传人类基因组编辑的临床试验”。

> 对可遗传基因组编辑应谨慎对待,但谨慎并不意味着必须禁止。倘克服了技术难题,且在权衡风险后有合理的潜在好处,那在最紧迫的情况下,在一个保护研究对象及其后代的全面监督的框架下,且有足够保护措施防止其不适当地扩展

到不那么紧迫或尚未了解的用途上，便可开启临床试验。

随着该报告发表，对可遗传人类基因组编辑研究的起始假设从“**除非得到且直到得到社会的广泛认可，否则都是不负责任的**”，变为这种研究“**在满足某些标准的前提下可被允许**”。具体标准如下：

• 缺乏合理的替代方案。

• 仅限于预防严重疾病或状况。

• 仅限于编辑已被证实导致或使人极易患上该疾病或产生该状况的基因。

• 仅限于将这些基因转化为人群中普遍存在、已知与普通健康情况相关，且几乎没有不良影响的基因。

• 提供关于该程序的风险和潜在健康益处的可靠临床前和／或临床数据。

• 在试验期间，就该程序对研究参与者健康和安全的影响进行持续、严格的监督。

• 在尊重个人自主性的前提下实行长期的、针对多代人的后续关怀随访计划。

• 在不伤害患者隐私的前提下尽可能透明。

• 在公众的广泛参与和投入下，继续重新评估健康及社会的效益和风险。

• 有可靠的监督机制，以防止将该技术用于除预防严重疾病或状况以外的用途。

在为将技术从实验室转向生育诊所开发决策工具时，美国国家科学院和医学院2017年的报告公开搁置2015年的呼吁——就可遗传人类基因组编辑的用途达成广泛的社会共识。这样做的目的有三个：第一，取代任何关于“是否有足够理由从事可遗传人类基因组编辑”的非专家民主对话；第二，明确表示关键问题并非“会发生吗”或者“应该发生吗”,而是“何时会发生”及“该如何发生”;第三,通过一个现成的、以自我监管为基础的框架来促进“何时会发生”。与快科学的使命相一致,这项努力旨在使公众关注“如何”有效地推动科学前进。与快科学的目标相一致,快伦理的目标是“如何”在伦理上推动快科学的发展。

许多人对这种花招表示担忧。德国伦理委员会2017年的报告对此有简练确切的表述:

> 2017年2月由美国国家科学院和美国国家医学院联合召集的委员会所起草的建议令人诧异。例如,他们提出假设,当生殖系干预措施是一对夫妇拥有健康的亲生子女的“最后一个合理选择”,在严格的监管范围内,结合相关风险研究,干预措施在伦理上站得住脚。
>
> 报告揭示了在评估道德责任上一个微妙而重要的转变。它从“只要尚未清楚风险就不允许”转变为“如果能更可靠地评估风险便能允许”。原本,美国学术界对基因组编辑生殖系疗法表示强烈拒绝,部分是原则性的根本拒绝,部分是考虑到相关风险而拒绝。很明显,其关注已转向以个人形式和物质标准为指导的根本许可。俄勒冈大学联合会自2017年8月开始的关于生殖系治疗的最新研究,可以解释为这种态度转变的一种表现。研究进行前,公众并未就生殖系干预的根本许可性进行任何广泛讨论且达成任何协议,尽管华盛顿峰会明确要求进行此类讨论。

德国伦理委员会随后指出(现在看来颇有先见之明):“显然,现在的推测不再集中在是否会出现首个通过基因组编辑进行基因修饰的人类,而是他何时出生。”

CRISPR婴儿传奇中一个至关重要的事实是,2017年2月的《人类基因组编辑》报告被广泛解读为改变了发展环境。例如，时任基因组编辑公司桑加莫疗法公司主席的兰菲尔(Edward Lanphier)评论报告："该报告呼吁广泛的公众辩论，但在缺乏其呼吁的广泛公众辩论的情况下，它将基调转变为肯定立场。"贺建奎在2017年3月提交给深圳和美妇儿科医院伦理委员会的*CCR5*基因组编辑项目《医疗伦理审批申请表》(Medical Ethics Approval Application Form)中引用了该报告。虽然这一文件存在相关欺诈指控，但其内容证实了这样一种看法，即2017年的报告削弱了对广泛社会共识的要求，并改变了对可遗传人类基因组编辑许可性的看法。亚利桑那州立大学的科学史学家、科学技术学者赫尔伯特(Benjamin Hurlbut)在反思这场灾难时曾说："我的印象是，倘当时使用了'暂停'这一表达，意味着断然禁止将生殖系编辑用于生殖，贺建奎的项目就不会发生。"据赫尔伯特称，在推进研究的过程中，贺建奎所依赖的正是并无正式的暂停要求、2015年《科学》上颇有影响的文章呼吁"谨慎前行"，以及2017年美国国家科学院和医学院的报告。他"相信他已符合所有标准"。

第二年，2018年7月，纳菲尔德生命伦理委员会发表《基因组编辑和人类生殖》。这份报告跟美国国家科学院和医学院的报告一样，设想了使用人类基因组编辑避免遗传病的可能性。具体而言，该研究得出结论，可遗传人类基因组编辑可以接受，但也许只是"作为避免遗传病或修饰引致疾病风险的等位基因的现有程序的一种替代方法"。

> 事实上，我们可以设想允许可遗传基因组编辑干预的环境……我们认为，并没有绝对的伦理异议，会在任何情况下、任何时候都排除可遗传基因组编辑干预。由此，我们有道德理由继续进行目前的研究，并确保可遗传基因组编辑干预措施会被允许的条件……只要可遗传基因组编辑干预措施符合未来世代的福祉，符合社会公正与团结，就不会违反任何绝

对的道德禁令。

在其他方面,两份报告存在着重大差异。最值得注意的是,2017年美国国家科学院和医学院的报告侧重于推进可遗传基因组编辑的具体标准,纳菲尔德生命伦理委员会的报告则侧重于两项指导原则——"未来世代的福祉"和"社会公正与团结",这两项原则旨在通过广泛的社会辩论来引导伦理治理。尽管存在以上差异,科学界还是把两份报告归为对允许未来可遗传人类基因组编辑的重要认可。由于纳菲尔德生命伦理委员会尚未正式对这种归为一谈提出质疑,其报告也就为未来可遗传人类基因组编辑研究铺平了道路。除此之外,该报告的一些批评者坚称:"它不但允许人类基因组编辑研究,且将其视为伦理义务,因为在报告最后一节(第5.2段)写道,'我们有道德理由继续进行目前的研究,并确保可遗传基因组编辑干预措施会被允许的条件'。"

• • •

我早前已提出,慢科学可被解释为一种对社会正义的呼吁,请求人们留时间去提问并回答诸如"这门科学将如何改善人类状况"之类的重大问题。可遗传人类基因组编辑最终是为了控制人类进化,在我看来,这种途径提出了两个刚好相互关联的大问题。首先问:"我们想要生活在一个怎样的世界?"然后在我们的答案基础上问:"我们是否应该进行可遗传人类基因组编辑?"综合起来,这些问题的目的在于令我们反思科学发展的方向与改善世界的目标之间的关系。

对于负责任的伦理学而言,以上两个问题中的第一个问题的挑战在于,快科学对弄清我们想要生活在怎样的世界不感兴趣。它已假定知道答案,那正是麻烦所在。在反对快科学的人——赫尔伯特也在其中——看来,"科学不能为一项技术推定目的地,而应当遵循我们,遵循大众提供的方向。科学为它所属的社会服务,而且必须为它所属的社会服务"。

至于第二个问题，关于是否要进行可遗传人类基因组编辑，快科学与快伦理相结合之下提供了快速现成的答案："是的，当然要了。"1992年，哈里斯在他的书《神奇女侠与超人》(*Wonderwoman and Superman*)中期待地(有人说是雀跃地)描述一种经过可遗传基因修饰的新人类："分子生物学的革命将使我们有能力在前所未有的程度上改变和控制人类进化。它将使我们能够制造新的、可供定制的生命形式，各种各样的生命形式。现在摆在我们面前的决定并非是否使用这种权力，而是如何使用，以及在何种程度上使用。"

目前快科学最感兴趣的问题是："我们应该如何进行可遗传人类基因组编辑，以避免与研究伦理监督机构、职业道德指南、国家立法或国际规范相冲突?"以及"我们应该如何令公众站到我们一边，那我们就不会像转基因生物那样遭受社会的强烈反对?"在解决这些问题的过程中，伦理学对快科学的重要性和价值，视乎它扫清科学"进步"道路上的潜在障碍的能力。

以上观点的问题在于，它假定了伦理学是科学的女仆(在某些情况下显然正确)，从而损害了伦理学作为一个独立研究领域的地位。它也助长了不宽容——对任何将科学作为发展希望的叙事，不允许有任何形式的伦理异议。从快科学的角度来看，科学正努力取得进步，却在某些领域不断受阻于伦理学。这一问题被解释为伦理学未能跟上科学的步伐，从而强化人们对伦理学永远是负担的抱怨。可是，快科学对潜在的道德异议愈加不容忍，这本身就是一个严重的伦理问题。

• • •

当贺建奎向全世界宣布首对CRISPR婴儿诞生时，他为自己的研究辩护，据贺建奎所言："因为暂时没有HIV疫苗，HIV免疫仍是一种未得到满足的医疗需求，不仅对于这个案例如此，对于数百万儿童而言也一样。"2018年国际峰会上的听众并没有被说服。其时，大约500人到场参加,来自190多个国家的大约8万人在线观看,另有180万人观看了视频。演讲结束后,诺贝尔奖得主巴尔的摩(David Baltimore,也是第一届和第二届国际人类基因组编辑峰会主席)上台批评贺建奎。巴尔的摩发表观点,重申了2015年峰会声明中关于禁止生殖系基因组编辑的规定:"除非相关安全问题得到解决,并达成广泛的社会共识,否则继续进行生殖系编辑的任何临床应用都是不负责任的。"

次日,2018年峰会声明在会议结束时发布,明确谴责了贺建奎的研究,并指出:"该程序不负责任,且不符合国际规范。它的缺陷包括医学指征不足,研究方案设计不当,未能满足保护研究对象福利的道德标准,以及在临床程序的开发、审查和进行中缺乏透明度。"不过,组委会对贺建奎的批评也只到这种程度而已。巴尔的摩确实试图承认"科学界自我监管失败",但这受到包括委员会成员沙罗(Alta Charo)在内的其他人质疑。沙罗坚持"失败的是他[贺建奎],而非科学界"。

事后,科学界引入了好些策略,以尽量减少社会对可遗传人类基因组编辑的强烈反对。其中包括给贺建奎贴上"流氓科学家"的标签,使贺建奎与科学界保持距离,将伦理问题主要归结为安全性问题和缺乏透明度,并呼吁达成广泛的**科学**共识,而非广泛的**社会**共识。

值得注意的是,并无人进行任何努力,去研究国际科学界如何为贺建奎所谓的鲁莽行为铺平道路。例如,淡化了开发生殖系基因组编辑工具和技术的基础科学研究与使用该项技术进行生殖的未来临床试验之间的明显联系。胚胎学本身并无变化,所有改变皆出自研究人员的意图。此外,国际科学界也没有就2017年的报告《人类基因组编辑》中令人质疑的假设以及它削弱对广泛社会共识的要求承担集体责任,而对广泛的社会共识的要求原本可能会令贺建奎有所迟疑。而且,最确定的是,关于科学家**是否**应该对可遗传人类基因组编辑进行研究,亦没有后续讨论。"快科学"考虑的唯一问题是,科学家们**如何**才能将贺建奎

“做得不好”的事情“做好”。

快科学对贺建奎事件的反应，是通过呼吁建立伦理标准，以满足致力于“谨慎且负责任地”前进的科学家的需求，从而加快发展步伐。2018年国际峰会上的《关于人类基因组编辑Ⅱ》明确申明，可遗传人类基因组编辑研究的可能性以及对翻译途径的需求：

> 倘若这些风险[来自基因变化产生的变异性影响]得到解决，且一些额外标准得到满足，则生殖系基因组编辑在未来可能被接受。这些标准包括严格的独立监督、迫切的医疗需求、缺乏合理替代方案、长期随访计划以及对社会影响的关注……
>
> 生殖系编辑的翻译途径需遵守被广泛接受的临床研究标准。这一途径将需要建立临床前证据和基因修饰准确性的标准、临床试验从业人员的能力评估、可执行的专业行为标准，以及与患者和患者权益团体之间强有力的伙伴关系。

正如赫尔伯特解释，在呼吁制定可遗传人类基因组编辑的国际标准时，科学界的领袖“把一个关键的、至今尚未得到答案的问题撇开了：通过遗传工程为儿童引入他们将传递给后代的改变，这是否为儿童本人所接受。这个问题不是科学问题，而是全人类的问题”。

对于科学界以外的人来说，令人既震惊又困惑的是，2015年在一个中国实验室里对无生命胚胎进行的基因组编辑研究，在国际公认的14天期限内且没有尝试启动妊娠的情况下，是如何(以及为何)引发2015年国际峰会上对“任何可遗传人类基因组编辑的建议使用的适当性的广泛社会共识”的正式呼吁，而2018年中国在有生命胚胎中进行更具争议的基因组编辑研究以用于生殖，导致经过基因编辑的双胞胎诞生，却引起2018年国际峰会对“生殖系编辑的翻译途径”的呼吁。在此期间，在科学方面几乎没有什么变化，在伦理和治理方面也没有特别有意义的事情发生。同样令人费解的是,其他许多学术机构、国家伦理团体、政府,以及国际组织也都发表了关于人类基因组编辑的报告,可唯独2017年美国国家科学院和医学院报告、2018年纳菲尔德生命伦理委员会报告这两份文件在2018年峰会声明中得到了认可。

作为一种纠正措施,2019年3月,18位资深科学家和伦理学家(包括三位CRISPR先驱中的两位和2015年国际峰会组委会12位成员中的4位)呼吁,在全球范围内实行有固定期限(可能是5年)的暂停。这一倡议清楚表明以下信念:"这些决定不能由个人行为者作出,不能由科学家、医生、医院或公司作出,也不能由科学界或医学界统一采取行动。"倡议旨在为国际对话创造时间,让来自不同群体的广泛声音参与进来,以期建立一个国际框架。

回到先前的批评,即我们对可遗传基因组编辑的伦理思考没有跟上科学进步,必须强调的是,在科学前进的同时,(偶尔喧闹的)关于可遗传人类基因组编辑的伦理讨论和辩论一直在进行,与其说是"科学超越伦理",倒不如说是"科学轻视伦理",这两者是完全不同的问题。健全的伦理分析要求先了解目标(目的),再讨论手段。关于我们想要生活在一个怎样的世界,以及可遗传人类基因组编辑是否能帮助我们建立这个世界,这些问题相当复杂,解决起来既需要时间,往往也需要金钱,而时间和金钱对于快科学、快伦理都是严峻的挑战。

• • •

只有当我们把科学理解为公共资源和共同责任,慢科学才有可能。我撰写本书时,和其他人一样真诚地相信事情会有所不同。我们还能以另一种专注于共同利益的方法来做科学——一种深思熟虑、注重协商的方式,一种旨在造福我们所有人的方式。1994年,在《被束缚的普罗米修斯》(*Prometheus Bound*)一书中,齐曼(John Ziman)主张为个人主动性和创造力预留尽可能多的社会空间,让思想有足够的时间成熟，对辩论和批评持开放态度，对新奇事物充满热情，并尊重专业知识。齐曼坚持，这些措施是"继续发展科学知识——诚然，也是达成最终社会效益的基本要求"。他全都说在点子上了。

## 人类基因组编辑：科学政策，2015—2018年

2015年

**5月** 使用无生命胚胎进行CRISPR基因组编辑以纠正*HBB*基因（中国）

**9月** 《基因组编辑的机会和限制》（*The Opportunities and Limits of Genome Editing*）利奥波第那科学院，德国国家科学与工程学院，德国科学与人文科学院联盟，德国研究基金会（德国）

**10月** 《国际生命伦理委员会关于更新其对人类基因组和人权思考的报告》（*Report of the IBC on Updating Its Reflection on the Human Genome and Human Rights*），联合国教科文组织

**12月1—3日** 《国际人类基因编辑峰会——全球讨论》（*International Summit on Human Gene Editing: A Global Discussion*）

**12月2日** 《关于基因组编辑技术的声明》（*Statement on Genome Editing Technologies*），欧洲委员会

**12月3日** 《关于人类基因编辑——国际峰会会议声明》（*On Human Gene Editing: International Summit Statement*）提出生殖系编辑须有"广泛的社会共识"

2016年

**2月** 《关于CRISPR-Cas9技术开发的问题》（*Saisine concernant les question liées au développement de la technologie CRISPR-Cas9*）（法国）

**4月** 《人类生殖系细胞和胚胎的遗传编辑》（*Genome Editing of Human Germline Cells and Embryos*），法国国家医学科学院（法国）

《人类基因组编辑的进展》（*Advances in Human Genome Editing*），希腊国家生

命伦理委员会(希腊)

《丹麦伦理委员会关于未来人类基因修饰的声明——回应CRISPR技术的进步》(*Statement from the Danish Council on Ethics in Genetic Modification of Future Humans: In Response to Advances in the CRISPR Technology*),丹麦伦理委员会(丹麦)

**9月** 《基因组编辑——伦理审查》(*Genome Editing: An Ethical Review*),纳菲尔德生命伦理委员会(英国)

**11月** 《基因组编辑》(*Genome Editing*),荷兰皇家艺术科学院(荷兰)

**12月** 《关于生命伦理学和人类基因编辑》(*Document on Bioethics and Gene Editing in Humans*),巴塞罗那大学生命伦理学观察站(西班牙)

2017年

**2月** 《人类基因组编辑——科学、伦理和治理》(*Humans Genome Editing: Science, Ethics and Governance*),国家科学院、工程院和医学院(美国)

**3月** 《人类细胞研究中基因组编辑的伦理和法律评估》(*Ethics and Legals Assessment of Genome Editing in Research on Human Cells*),利奥波第那科学院(德国)

《基因组编辑——欧盟的科学机遇、公众利益和政策选择》(*Genome Editing: Scientific Opportunities, Public Interests and Policy Options in the European Union*),欧洲科学院科学咨询理事会(欧盟)

《编辑人类DNA——生殖系基因修饰的道德和社会意义》(*Editing Human DNA: Moral and Social Implications of Germline Genetic Modification*),荷兰遗传修饰委员会与荷兰卫生委员会(荷兰)

**9月** 《日本医学和临床应用中的基因组编辑技术》(*Genome Editing Technology in Medical Sciences and Clinical Applications in Japan*),日本学术会议(日本)

《人类胚胎的生殖系干预》(*Germline Intervention in the Human Embryo*),德国伦理委员会(德国)

**12月** 《基因编辑在医疗卫生中的用途——讨论文件》(*The Use of Gene Editing in Health Care: Discussion Paper*),皇家学会(新西兰)

2018年

**4月** 《国际背景下的基因编辑——跨部门的科学、经济和社会问题》(*Gene Editing in an International Context: Scientific, Economic and Social Issues Across Sectors*),经合组织

**7月** 《基因组编辑和人类生殖——社会和伦理问题》(*Genome Editing and Human Reproduction: Social and Ethical Issues*),纳菲尔德生命伦理委员会(英国)

**9月** 《公告129——法国伦理咨询委员会生物技术展望》(*Avis 129: Contribution du comité consultatif national d'éthique à la révision de la loi de bioéthique*)(法国)

**11月25日** 《关于露露和娜娜——基因手术后作为单细胞胚胎健康出生的双胞胎女孩》(About Lulu and Nana: Twin Girls Born Healthy after Gene Surgery as Single-Cell Embryos),贺建奎实验室的YouTube视频

**11月27—29日** 《第二届国际人类基因组编辑峰会——继续全球讨论》(*Second International Summit on Human Genome Editing: Continuing the Global Discussion*)

**11月28日** 《利用CRISPR/Cas9开发*CCR5*靶向基因编辑策略》(Developing a *CCR5*-Targeted Gene Editing Strategy for Embryos Using CRISPR/Cas9),贺建奎

**11月29日** 《关于人类基因组编辑Ⅱ——第二届国际人类基因组编辑峰会组委会声明》(*On Human Genome Editing Ⅱ: Statement by the Organizing Committee of the Second International Summit on Human Genome Editing*),推荐生殖系编辑的"翻译途径"

第八章

# 科学家、科学政策与政治

我认为科学界整体和科学家个人都有责任为共同利益服务，这一责任包括为公共政策作贡献。很明显，这一责任主要落在科学专家、具有专门科学知识和技能的人肩上。这一责任的一个方面包括使公众和政策制定者能够获取科学信息。这可能涉及公开演讲和媒体评论、委员会工作及公开报告，或在政府或准政府委员会面前作证。所有努力加在一起，可以对公共政策产生深远影响。

科学家与学者关于人类基因工程的认真讨论可以追溯至20世纪60年代中期到70年代初期。其时，像美国分子生物学家、诺贝尔奖获得者莱德伯格(Joshua Lederberg)和沃森这样的发烧友，都在庆祝利用遗传技术促进科学目标和社会目标的可能性。特别是，莱德伯格强调了人类克隆和其他形式的基因工程，包括创造人类-非人类嵌合体。另外一些科学家则强调人类基因工程的潜在危险，并对"扮演上帝"是否明智提出质疑。美国基督教生命伦理学家拉姆齐(Paul Ramsey)在《虚构的人》(*Fabricated Man*)一书中警告："人在学会做人之前，不应该扮演上帝；在学会做人之后，就不会扮演上帝了。"

随着体外受精人类生殖的广泛应用和克隆羊多利的诞生，以上讨论在20世纪90年代中后期势头更足。时至2015年春天，随着在《蛋白质与细胞》上发表的一项研究证实了中国科学家一直在利用早期人类胚胎进行CRISPR基因组编辑研究,这些讨论变得更加激烈。虽然这项研究使用的是无生命人类胚胎,且经过基因修饰的胚胎并没有被用以启动妊娠,但研究还是引起很大争议,科学家七嘴八舌,众说纷纭。从一个角度来看,这项开创性的研究取得了巨大成功,因为它证实了人类胚胎基因组修饰是可能的。从另一个角度来看,它也是一个惊人的失败,因为在大多数情况下,基因组编辑并不起作用,当它起作用时,又会带来意想不到及不想要的突变。

一些科学家批评贺建奎研究团队的科学能力,也质疑他们的胆大妄为。一些科学家则把注意力集中在他们认为违反伦理的行为上。此外,许多科学家对未来在用于生殖的有生命胚胎中进行基因组编辑研究的前景发表评论,其中既有积极的评论,也有消极的评论。例如,美国分子生物学家、诺贝尔奖获得者梅洛(Craig Mello)设想了一个未来:"经改变的生殖系将使人类免受癌症、糖尿病和其他与年龄有关的问题困扰。"当时担任桑加莫生物科学公司(后改名为桑加莫疗法公司)总裁兼首席执行官的兰菲尔则表示反对:"我们是人类,不是转基因老鼠。我们认定越界修改人类生殖系存在严重的伦理问题。"

《蛋白质与细胞》上发表的论文引发了一场关于可遗传人类基因组编辑伦理和治理的激烈公众辩论。这场辩论酝酿已久,此前一个月,好些学术文献已针对两篇引起争论的伦理评论文章作出回应。第一篇高调的评论文章《不要编辑人类生殖系》发表在《自然》上,作者是兰菲尔、乌尔诺夫(Fyodor Urnov)及其同事。第二篇评论《基因组工程和生殖系基因修饰需谨慎前行》发表在《科学》上,作者包括巴尔的摩及其他著名研究人员和伦理学家。两篇评论的作者都认识到可遗传人类基因组编辑对预防后代患上疾病的潜在好处,但强调了人类健康面临的不可预测的风险。两组作者皆指出,有必要在专家中进行公开讨论,并让公众参与讨论。

《自然》的评论于2015年3月12日在线发表(大约在《蛋白质与细胞》在线论文发表5周前),其中包含以下告诫:"使用当前技术对人类胚胎进行基因组编辑可能会对子孙后代产生不可预测的影响。这使其相当危险,且在道德上不可接受……在早期阶段,科学家不应同意修改人类生殖细胞的DNA。"主要作者兰菲尔和乌尔诺夫都与从事体细胞基因组编辑的生物制药公司桑加莫生物科学公司有关联,他们担心,公众对生殖系基因组编辑的关注将对涉及用于治疗目的的体细胞基因组编辑的研究产生负面溢出效应*。

《科学》的评论于2015年3月19日在线发表(约在《蛋白质与细胞》在线论文发表4周前),其重点有所不同。这篇评论名义上是2015年1月在加利福尼亚州纳帕举行的一次会议的报告,会议的召开是为了"讨论……基因组生物学的科学、医学、法律和道德影响……的新前景"。该评论旨在以不会削弱对科学的信任的方式,促进未来"负责任"地使用人类基因组编辑。

显然,《自然》的评论作者明确要求自愿暂停,而《科学》的评论作者只建议采取措施以"强烈阻止"人类可遗传修饰,让科学组织和政府组织可以讨论其社会、环境和伦理影响,确定"负责任地使用这项技术的途径"。

针对人类胚胎基因组编辑,两篇评论均提出许多重要问题,如关于科学在社会中的适当作用、科学诚信的范围、科学专家在政治辩论及政策讨论中的合法性和权威性,以及我们使用科学专家建议的能力。两篇评论的作者尚未察觉,他们所担心的未来没过几年就要到来了。2018年11月下旬,贺建奎报告他创造了世界上首对CRISPR婴儿——一对"健康"的双胞胎女婴,其胚胎经过基因修饰,以期抵抗HIV感染。

---

* 溢出效应(spillover effect),是指一个组织在进行某项活动时,不仅会产生活动所预期的效果,而且会对组织之外的人或社会产生影响。——译者

• • •

今天,熟悉基因组研究的科学家经常被邀请解释这门科学,并评论其潜在效用。一些科学家回避此类邀请,尤其是在具有争议的所谓"突破"之后。一些科学家选择参与,但大多将评论限于技术问题和科学问题上。还有一些科学家认为,他们不仅有资格就科学问题发表评论,而且有资格对相关的社会问题、伦理问题发表评论。在这第三类科学家里,有人关注对后代产生不可预测的影响的风险,有的则强调基因组科学对生物技术、药物开发、改善人类健康等方面的潜在贡献。

决定是否参与与科学政策有关的讨论,部分取决于个人对科学和科学专家在社会中的作用的看法。一些科学专家认为,他们顶多应该谨慎而冷静地向政策制定者、立法者,也许还有公众解释相关的科学,然后由其他人来制定政策——无论是否经过广泛的公众协商。这一信念背后的观点是,科学首先是一种寻求真理的活动,不应受到个人目的或政治目标的影响。然而,也有科学专家认为,他们应当把专业知识借给他们喜欢的利益集团或事业,以此影响决策朝着他们偏好的方向发展。支持这一信念的想法是,科学家拥有专业知识和技能,可以有效地指导科学政策。

美国政治学家皮尔克(Roger Pielke Jr.)就科学顾问在政策和政治方面可能扮演的角色,进行了富有启发性的探索。皮尔克描述了4种理想化的角色:纯粹科学家、科学仲裁者、议题倡导者,以及政策选择的诚实中间人。对于前两种角色,即纯粹的科学家和科学仲裁者,科学专家发挥信息资源的作用。他们(以纯粹科学家的身份)产生信息,或(以科学仲裁者的身份)产生信息并协助解释。对于另外两种角色,即议题倡导者以及政策选择的诚实中间人,科学专家明确参与政策选择,以(以议题倡导者的身份)减少或(以诚实中间人的身份)扩大考虑的选项范围。

在我的分析里,我使用了皮尔克的框架,然后稍作调整,以描述科学家在关于可遗传人类基因组编辑伦理和治理的辩论中所作出的各种贡献。与皮尔克不同的是，我开发了“科学分析员”代替“科学仲裁者”。仲裁者通常是有权决定争议事项的人，例如法官，而分析员指对现有信息进行审查并为决策提供公正数据的无利害关系的个人。如果以法庭来比喻，分析员并非法官，而是“法庭之友”。

我还开发了“社会变革者”作为“议题倡导者”的一个独立亚型，以强调某一类科学家的工作，这类科学家倡导致力于人类繁荣，使世界变得更美好。最后，我以“科学外交家”取代了“诚实中间人”。科学外交家善于促进以知识为基础、不失诚信的折中，帮助处于冲突中的人在不损害自身基本价值观或原则的情况下改变原来的立场。这项试图找到达成共识的途径的工作可能包括，澄清不同政策选择的科学基础，围绕科学确定共同关心的观点及趋同点，并酌情扩大或缩小正在审议的政策意见的范围。

在勾勒这些理想化的角色时，我并非认为可以运用这些方式对现实中的科学家进行分类。科学家作为个人或委员会成员，可以扮演不止一种角色，且以上角色可以根据手头的议题而改变。但是，这些描述可作为一种有用的启发，说明科学家可以（并且确实）以许多方式为决策过程作出贡献。

### 纯粹科学家

纯粹科学家相信为了科学而科学，亦即为了创造知识而科学。他们的科学由激发他们好奇心的事物推动，而非由外部经济、环境、社会或其他优先事项推动。纯粹科学家对他人（包括政策制定者、立法者和公众）如何使用其科学不感兴趣。他们是现有知识的源泉，但选择留在政策辩论的边缘。

尽管皮尔克引入纯粹科学家的角色，可他认为纯粹的科学家“在现实世界中并不存在……在现实世界中,科学家申请拨款和基金后,也会期待其带来的影响和相关性”。然而,很容易便能反驳这个观点。诚然,科学基金愈加伴随着对促进经济的发明和创新的期望,但许多基础科学家积极地为由好奇心驱动的研究(有时称为蓝天研究)辩护,并强烈反对必须确定研究的潜在好处。他们一心追求真理。

在撰写本书时,我想起2005年我与约翰·波兰尼(John C. Polanyi)之间一场短暂的公开冲突。波兰尼是加拿大的诺贝尔奖获得者之一,他坚信研究需由好奇心驱动,不应受对潜在社会利益的政治期望阻碍。对于将公共资金投入科学研究,罗伯特和我曾在《环球邮报》(*Globe and Mail*)上撰文,主张更广泛地理解科学价值,包括“科学的有效性(卓越的科学)和科学的价值(科学意义和社会意义)”。波兰尼毫不含糊地表示我们搞错了。他回应我们的评论,写道:“科学的卓越性……是一种稀有而珍贵的资源,倘若将其重新定义为相关性,将是一种浪费。……卓越……是一种启示。”也许不应意外,约翰·波兰尼的观点其实与其父迈克尔·波兰尼(Michael Polanyi)的一致。1962年,迈克尔·波兰尼曾写道:“任何试图引导科学研究朝着它自身以外的目的发展的企图,都意图使它偏离科学的进步。”我提起这个故事,只是为了支持以下观点:的确有科学专家体现并捍卫纯粹科学家的理想化角色。约翰·波兰尼就认为,这种角色类型是可能的,因为“幸运的是,重视科学成果的人(也就是我们所有人),几乎不可能做出无用的重大发现”。

加拿大最新的诺贝尔奖得主斯特里克兰(Donna Strickland)持有相同的科学观。斯特里克兰和穆鲁(Gérard Mourou)一同发明的啁啾脉冲放大技术* 如今已有一定实际应用,包括在激光眼科手术中切割患者角

---

* 啁啾脉冲放大(chirped pulse amplification)技术被用作激光放大。激光物质有一个临界功率,在很长时间内一直是激光放大的极限。啁啾放大技术的原理是放大前分散激光种子脉冲的能量,放大后再集中。此技术使激光功率提高了1000倍,达到TW级,并得以从此稳步提高。——译者

膜和在手机制造中切割精细的玻璃部件。斯特里克兰理解并赞赏公众对其工作实际应用的兴趣,但她强调基础科学的重要性。"毕竟,"她写道,"没有以好奇心驱动的研究,便不可能拥有这些应用。学习更多科学知识——为了科学而科学——值得支持。"

正如以上例子表明,有的科学专家认为"不受阻碍地追求无用的知识"是一项有价值的活动。他们把"无用"知识理解为没有明显使用价值或无法立即实际应用的理论知识。这些科学家对政策辩论缺乏深入、持久的兴趣。在越来越多的科学家争夺越来越少的研究经费时,他们被迫寻求拨款,可能会通过强调预期实际利益来倡导自己的科学,但他们本质上是纯粹的科学家,即阐述纯粹科学优点的科学家。

纯粹科学家在关于可遗传人类基因组编辑的政策辩论中占有一席之地,因为他们的工作产生了其他人可能觉得有用的知识。根据需要,政策制定者、立法者和公众可以访问他们生成的信息,例如,DNA、基因、人类基因组、遗传病、CRISPR技术、体细胞基因组编辑、生殖系基因组编辑、遗传模式,等等。在CRISPR科学领域,首位描述CRISPR基因座的莫希卡是一位典型的纯粹科学家,他一再肯定是好奇心而非某种潜在的技术应用激发了他的科学研究。他表示:"我就是想知道。"

**科学分析员**

科学分析员作为个体科学家或科学小组成员,为决策过程提供信息和解释。他们认为,科学具有发现和传播真理,以及促进社会改革的双重目的。也就是说,虽然科学的直接目标是纯粹的求真,可科学的最终目标是"通过提供与政策相关的信息来指导民主决策,从而服务共同福祉"。与纯粹科学家只专注于追求真理不同,科学分析员的目标是将信息交予政策制定者、立法者和公众。他们处理可以使用科学工具公正解决的事实性问题,从而提高公共科学素养。

在可遗传人类基因组编辑的政策制定方面，科学分析员并不考虑体细胞基因组编辑与生殖系基因组编辑，或健康相关与非健康相关基因组编辑之间谁在伦理上更被允许。他们处理科学问题，但避免规范性问题，以避免卷入政治辩论。例如，如果人们对与人类基因组编辑相关的健康风险存有疑问，科学分析员可以帮助解释脱靶效应的风险——基因组编辑可能会意外改变并非要进行基因修饰的DNA片段。他们还可以描述基因组编辑可能意外失活（关闭）肿瘤抑制基因或激活（开启）致癌基因的风险。除此之外，他们还可以审查关于脱靶效应风险的现有数据，从而确定发生这种情况的风险概率。

科学分析员不会试图回答带有明显价值取向的问题，比如“进行临床试验时，在伦理上可接受的有利的利害比是多少”。科学分析员致力于提供关于已知危害和利益的性质、概率，但会留待他人去争论在什么阶段，为了什么目的，到底值得冒多大风险（以及冒险的对象是谁）。

在民主决策领域，科学分析员的理想化角色可能比纯粹科学家更有用，因为科学分析员可以为政策制定者、立法者和公众提供信息和见解，令其在理解科学时，无需摸黑前行。科学分析员也可以发挥“政府之友”或“人民之友”的作用，就像人们可以成为“法庭之友”一样。法庭之友是公正的专家，他们提供证据和论据，协助法庭履行其核心职责——正义。同样，科学分析员可以是“政府之友”，他们提供证据和论据，帮助政府履行其核心责任——共同利益。科学分析员也可以是“人民之友”，帮助公众理解、表达他们认为重要的问题。

2015年4月28日，柯林斯发表了一份正式声明，解释了美国国立卫生研究院不会资助人类胚胎基因组编辑研究的原因：

> 《迪基-威克修正案》禁止将拨出的资金用于出于研究目的创造人类胚胎或破坏人类胚胎的研究（H. R. 2880，第128节）。此外，美国国立卫生研究院的指南指出，重组DNA咨询

委员会"……**目前不会考虑改变生殖系的建议**"。

这一声明提醒其他人留意美国国立卫生研究院资助人类胚胎研究、人类生殖系基因组编辑的立法和监管禁令，此处，柯林斯扮演着科学分析员的角色。然而，正式声明的其他部分列出了反对资助可遗传人类基因组编辑的论点，包括"严重且无法量化的安全问题，未经下一代同意而改变生殖系所带来的伦理问题，以及目前缺乏令人信服的医疗申请，可证明在胚胎中使用CRISPR/Cas9的正当性"。在这些部分里，柯林斯扮演的是议题倡导者的角色。

### 议题倡导者

与纯粹科学家或科学分析员不同，议题倡导者作为个体科学家或科学小组成员，出于私利或其他原因，公开支持某些特定利益。回到法庭比喻，议题倡导者是"干预者"，即具有相关利益和观点的人。

议题倡导者通常热衷于说服政策制定者、立法者和公众，令其意识到与他们所支持的利益相重叠的政策选择的优点。与科学分析员一样，议题倡导者欢迎参与决策的机会，但与科学分析员不同的是，他们并不回避规范性问题。事实上，他们喜欢借助科学权威来限制选择，并推进特定的个人、职业、经济或政治的目标。例如，当被问到"进行临床试验时，在伦理上可接受的有利的利害比是多少"，议题倡导者可能会以百分比回答。

蔡纳是一位直言不讳的议题倡导者。他相信科学民主化，拥有一家出售自制基因工程工具包的小公司。在可遗传人类基因组编辑的话题上，他坚持"性是基因工程中最糟糕的形式，而我们任由它破坏人们的生活。性会导致胚胎发生不可预测的遗传变化，从而导致有害性状。我支持并拥护缓解痛苦的能力，如果那意味着所谓的'设计婴儿'，那我就支持设计婴儿"。

按照类似思路，一些著名科学家，包括戴利、洛弗尔-巴吉和斯特凡(Julie Steffann)，都把防止患有毁灭性遗传病的孩子的诞生列为首要任务。他们承认，在大多数情况下，有其他(更安全、更便宜的)方法来实现这一目标，但他们优先考虑父母自主、生育自由和功效性。他们对以上特定价值观的支持表明，为有可能将严重遗传病传给子女的夫妇开发和使用可遗传基因组编辑是合乎伦理的。

其他议题倡导者反对可遗传人类基因组编辑，驳斥某些论点使用极其罕见的情况为例子。例如，美国生物学家、活跃的博客作者、《转基因智人》(*GMO Sapiens*)一书的作者克内普夫勒(Paul Knoepfler)就把社会公正置于父母自主之上。他认为：

> 在人类生殖系中使用CRISPR或其他技术对社会构成了严重威胁，其程度相当于——甚至可能大大超过——这种可遗传使用的潜在的与健康相关的实际益处。尤其是强大的基因筛选方法已经广泛使用，使得在人类生殖系中使用CRISPR以预防遗传病的想法在目前成为一个非常不合逻辑的命题。

在对可遗传人类基因组编辑持批评态度的议题倡导者里，有人赞成明确禁止或限时暂停使用这项技术。为支持这一观点，有人提到联合国和欧洲委员会发表的国际共识文件。联合国教科文组织的1997年《世界人类基因组与人权宣言》第11条规定："违背人类尊严的行为，如人的生殖性克隆，将不会被允许。"该文件第24条进一步授权联合国教科文组织国际生命伦理委员会"鉴定可能违背人类尊严的做法，例如生殖系干预"。2015年10月，国际生命伦理委员会发布了《国际生命伦理委员会关于更新其对人类基因组和人权的思考的报告》(*Report of the IBC on Updating Its Reflection on the Human Genome and Human Rights*)。该报告明确要求，"至少在试验程序没有被充分证明为安全有效的治疗手段前”，暂停可遗传人类基因组编辑。报告还呼吁各国“放弃在人类基因组工程方面单独行动的可能性，接受合作，以此为目的建立一套共享的全球标准”。

另一份同样重要的国际文件是《奥维耶多公约》，它对签署和批准该公约的29个国家具有法律约束力。《奥维耶多公约》第13条禁止用于非治疗目的的基因组干预以及可遗传基因组干预：“试图修改人类基因组的干预只能用于预防、诊断或治疗目的，且其目的并非对任何后代的基因组进行任何修改。”在2015年12月的国际峰会上，欧洲委员会生命伦理委员会发表声明，强调《奥维耶多公约》所规定框架的相关性，并提醒全球注意第13条所述具有法律约束力的禁止生殖系修饰的规定。

尽管某些议题倡导者“支持”另一些议题倡导者“反对”的具体政策选择，但也有一些议题倡导者认为首要是支持社会团结，支持公平公正的政策。其中许多是科学界专家，在其职业生涯的某个时刻意识到特定社会问题的科学基础，且希望使世界变得更加美好，便成为社会变革的代言人。还有一些人选择专注科学，发展出特定领域的科学专门知识，其明确目的是为共同利益带来社会变革。这些议题倡导者可被认为是“社会变革者”。例如，面对政府的不作为或失误，要求采取有效的环境保护政策的气候科学家，往往属于这一类；要求公平的税收而非更多慈善事业的经济学家（和其他学者）也属于此类。

社会变革者的指导性伦理原则是在服务公共福利中追求共同利益。正如我在前文所言，共同利益“对生存和共同福祉，例如健康和安全必不可少。市场、财产和个人自由俱从属于共同利益”。而公共福祉指我们所有人的普遍福祉。从这个角度来看，理想化的社会变革者比其他议题倡导者更可取，因为其他议题倡导者有时会促进特定的科学利益、经济利益和政治利益而非社会利益。

**科学外交官**

科学外交官是为政策制定者、立法者和公众提供一系列政策选择的科学信息并帮助他们作出集体决策的专家。作为个人或委员会成员,他们寻求阐明各种政策选择的科学基础,围绕科学确定共同关心的观点及趋同点,再根据需要扩大或缩小决策范围。最后一步可能涉及消除或丰富正在考虑的政策选择,还可能包括引入新的选择。因为所有科学在某种程度上都承载着价值观,这项工作还需将科学信息与价值观和利益相结合,以明确哪些政策选择支持哪些政策目标。这项工作对于达成建立在知识基础上同时不失诚信的折中至关重要——"一个双方都满意的决定,不仅基于冲突双方在考虑自身核心价值观时认为应当做什么,也基于双方在考虑双方冲突以及其他共同价值观时,认为应当做什么"。总之,科学外交官的目标是通过促进而非指导决策过程,赋权政策制定者、立法者以及公众。

在有关可遗传人类基因组编辑的政策辩论领域,科学外交官目前致力于将辩论和讨论扩大到"禁止"或"允许"的二元两极分化选项之外。为实现这一目标,大多数人都提倡某种形式的暂停,以留出时间,对共同目标及利益冲突进行深思熟虑的讨论。从长远来看,我们的目标是在追求共同利益的过程中达成一种以知识为基础、不失诚信的折衷。

2019年3月,兰德及其同事(包括我本人)再次呼吁全球暂停可遗传人类基因组编辑,并明确呼吁建立一个国际治理框架。为促进对提案的接受,呼吁中提出了一些有助于实施暂停并制定框架的倡议,其中包括:由世界卫生组织专家咨询委员会制定人类基因组编辑治理和监督的全球标准,建立由美国国家科学院、美国国家医学院和英国皇家学会赞助的国际委员会,以及建立全球基因组编辑观察站。

• • •

目前,积极参与可遗传人类基因组编辑政策辩论的科学专家大多起到议题倡导者的作用。前文提及的在2015年CRISPR技术首次应用于人类胚胎基因改造前发表在《自然》与《科学》上的评论,以及2018年针对CRISPR技术首次应用于人类生殖而发表的评论等例子,皆可得见明显的倡导。

在2015年的评论里,一组议题倡导者(在《自然》上)将可遗传基因组编辑描述为“危险且在伦理上不可接受”,并呼吁自愿暂停。相比之下,另一组议题倡导者(在《科学》上)强调需要“使这项技术以负责任的方式(倘有)得以使用”,他们建议采取措施“强烈阻止”针对人类的可遗传基因组编辑,但有意识地没有使用“暂停”一词。

两组议题倡导者皆确认可遗传人类基因组编辑为时尚早——不仅由于风险(包括意料之外的后果)未知,也因为有更广泛的社会和道德关注。此外,两组议题倡导者都呼吁进行公开讨论。不过,他们呼吁公众参与的根本动机截然不同。如《自然》评论所述,公开讨论的目的是“评估是否应该以及在何种情况下(倘有)进行涉及人类生殖细胞基因修饰的未来研究”。与之形成鲜明对比的是,在《科学》的评论中,进行此类讨论的目的在于“探索如何负责任地使用该技术”,亦即前提是应该进行遗传基因组编辑,只不过并非现在。

2018年12月,针对贺建奎宣布两名基因组编辑婴儿的诞生,且至少还有一名基因组编辑婴儿即将诞生,两家期刊发表了跟之前类似的观点。《自然》期刊的社论坚持将“不应以假定未来生殖系编辑已成定局”作为出发点,同时指出,是否允许可遗传基因组编辑“是属于社会的问题,而非科学家的问题,需要来自世界各地的不同利益相关者共同参与”。同期,由三位国家级科学院的院长(两位来自美国,一位来自中国)共同签署的《科学》社论主张,有必要为允许在“人类胚胎中用于生殖目的的基因组编辑”制定“准则和标准”,并提倡建立广泛的**科学**共识。再次,《自然》发表了支持慢科学的文章,而《科学》发表了快科学模式的文章。

随着2019年3月《自然》发表《暂停可遗传基因组编辑》(有来自7个国家的18名签署人),呼吁全球自愿暂停以及建立基于广泛社会共识的可遗传基因组编辑国际治理框架,科学界的分歧变得格外瞩目。在2015年峰会声明中主张“广泛的社会共识”的四位原始签署人[兰德、伯格(Paul Berg)、温纳克(Ernst-Ludwig Winnacker)和我本人]、三位CRISPR先驱中的两位(沙彭蒂耶和张锋),以及其他十几位著名科学家和伦理学家呼吁暂停。另一边,2015年峰会声明的三位原始签署人——第三位CRISPR先驱杜德纳、戴利、2015年和2018年峰会的主席巴尔的摩,则表达了强烈的反对意见。值得注意的是,这些反对者都在随后的2018年峰会声明中呼吁建立翻译途径。

作为声明的首席作者,兰德支持暂停以及建立国际治理框架:

> 我们希望看到明智而开放的决定。我们须确保各国不会秘密行事,我们须开诚布公,公开讨论,为辩论和分歧作好准备。我们须为留给子孙后代的世界做好规划。说到底,那是一个我们对医疗应用深思熟虑,且只在严重案例中才运用医疗应用的世界,抑或一个为了商业利益争个头破血流的世界?

以上观点详细说明了要求暂停和建立治理框架的动机,似乎令人难以反驳,但一些议题倡导者表示反对。杜德纳是“暂停”的早期支持者,可她认为没有充分理由支持最近的暂停呼吁,因为自2015年以来,已有“有效的暂停”。然而,考虑到基因组编辑婴儿正是在这种所谓的有效暂停下诞生的,尚不清楚杜德纳是什么意思。此外,我们需留意,贺建奎这位处于风口浪尖的科学家并不认为有任何“暂停”(他并非唯一一个这么认为的)。这一点并不奇怪,因为许多科学家(包括杜德纳)多年来一直刻意避开“暂停”一词。由此也可见,知道贺建奎的研究以及相关妊娠的科学家并没有因其严重违反暂停禁令而产生警觉，而当宣布双胞胎出生后，科学界的强烈抗议也非针对贺建奎违反了国际暂停，而是因为他没有遵守国际共识——显然，话要说得明明白白。无论如何，所谓有效暂停的存在并不构成反对正式暂停的原则性理由。

杜德纳还表示，她不支持呼吁暂停是因为她更倾向于“在科学、伦理和社会问题得到解决前，‘禁止使用生殖系基因组编辑的严格规定’”。同时，她想跟美国国家科学院、美国国家医学院和英国皇家学会合作，共同完成计划中的国际委员会。用她的话说：“比起暂停，我宁愿组织国际委员会。暂停意味着无限期停止，也没有任何可能的途径通往负责任的使用。”这个异议的问题在于它与事实不符：原先拟议的暂停期限并非无限期，而是限期5年，而且提案中已包括一个国际治理框架的计划。此外，赞同暂停呼吁跟与国际委员会合作并非相互排斥的选项。例如，当时兰德也支持暂停禁令的呼吁，并被任命为美国国家科学院和医学院国际委员会成员。事实上，暂停将减少更多基因组编辑婴儿出人意料地出生的可能性，同时设法报告科学问题和伦理问题，从而有助于该委员会的工作。大概是沿此思路推理，美国国家医学院院长曹文凯(Victor Dzau)才表示，在委员会发表最终报告前，也许会先建议暂停可遗传人类基因组编辑。

考虑到杜德纳愿意接受在科学、伦理和社会问题得到解决之前禁止可遗传人类基因组编辑的规定——此意愿与呼吁全球暂停及建立国际治理框架一致，使得人们猜测她反对暂停的真正原因。问题究竟是什么呢？她是否反对拟议的5年期限？如果不是，她是否反对选择继续进行可遗传基因组编辑的国家需提前两年通知？还是她反对“广泛的社会共识”，因其意味着权力分配？也许是吧。但这与她声称希望与各个国际科学委员会合作的说法相悖。委员会的发起者，即美国国家科学院和医学院、英国皇家学会，回应了暂停和国际治理框架的呼吁，正式承认委员会必须“在作出任何决定之前在科学界和医学界以外达成广泛的社会共识，尤其考虑到可遗传基因组编辑的全球意义”。

综上所述，杜德纳反对暂停的各种原因暂且不得而知。她同意此时继续进行可遗传人类基因组编辑是不负责任的，但和诸多其他科学家一样，她似乎“被‘暂停’两字吓到了”。跟其他人一样，她担心暂停（暂时禁止）会变成永久性的禁令，而这将与开发负责任的使用途径相悖。杜德纳因决定不支持暂停而受到赞扬。一位特别热衷于快科学的支持者在推特上写道：“及时的研究对进步至关重要：感谢杜德纳博士（#CRISPR的发明者）发挥了明智的领导作用，让科学继续快速进步，我们正需要这样。”

相形之下，戴利的反对意见简单明了。他认为，暂停将使今后的讨论更复杂而非更明晰。为支持这一说法，戴利提出以下的尖锐问题：“暂停应该持续多久？如何执行？谁来决定何时撤销？”以上问题显示，对于谁将（应当）控制科学的步伐，人们有着明显的担忧。

巴尔的摩与戴利的想法相似。巴尔的摩一直反对使用“暂停”一词，他指出：“我们有意识地没有使用‘暂停’一词，因为人们会将其误认为永久禁令，这样的误会难以逆转。”几周后，巴尔的摩在接受《科学新闻》（*Science News*）采访时进一步阐述了这一说法：

> 在第一届和第二届峰会后发表的声明皆有意识地避免使用“暂停”一词。因为这个词把“能做什么”“不能做什么”定得死死的……这就是“暂停”一词的问题。“暂停”一词的意义在人们的脑海中根深蒂固，表示我们对自己不想做的事情以及这种意愿要持续多久作出坚定的声明……制定规则可能不是个好主意。

再一次，问题显然出在到底谁应该控制科学的步伐——科学抑或社会?

美国国立卫生研究院院长柯林斯站在暂停的一边,他表示:"美国国立卫生研究院强烈同意国际暂停应当立即生效。""我们必须尽可能清楚地表明,[可遗传人类基因组编辑]这条道路是一条我们还没有准备好走下去的道路,现在不行,可能永远都不行。""如果你使用'暂停'两字,影响力会更大。"柯林斯也毫不退缩地提出权力问题,并批评那些他认为不再愿意分享权力的人:"他们有可能被视为是自私自利、一意孤行,不顾他人表示'不行,你不该这样做'的科学家。"

其他支持暂停呼吁的组织包括国际罕见病研究联盟、欧洲人类生殖与胚胎学会,以及欧洲人类遗传学协会。几周后,即2019年4月24日,美国60多位杰出的科学家、行业高管和生命伦理学领袖致信美国卫生与公共服务部部长阿扎尔(Alex Azar)(同时抄送美国其他政府官员),支持呼吁具有约束力的全球暂停。这封信由美国基因与细胞治疗学会(ASGCT)组织,签字人包括目前和过去的学会领导,信中包括以下声明:"在我们看来,进行这种人类生殖系临床试验就目前而言是不负责任的,我们以最强烈的措辞谴责……我们主张这种人类基因操纵应被视为不可接受,我们支持具有约束力的全球禁令,直到各种重要的科学、社会和道德问题得到充分解决。"2019年5月9日,德国伦理委员会发表了《干预人类生殖系》(*Intervening in the Human Germlinie*)报告,呼吁"针对在人类身上应用生殖系干预措施的国际暂停",并建议"德国联邦议院和联邦政府(最好在联合国主持下)努力达成具有约束力的国际协议"。

• • •

回顾2015年国际峰会声明《关于人类基因编辑》中对建立一个持续的包含"广泛的观点和专业知识"的国际公共论坛的建议,眼见科学界的杰出成员过快也过早地永远舍弃科学外交家的角色,转而充分接受议题倡导者的身份,我倍感失望。我希望科学家个人、专业科学组织、国家伦理组织与跨国治理团体反复呼吁的限时禁令(有人使用“暂停”一词,有人表示现时进行可遗传人类基因组编辑“是不负责任的”)有助于创造空间,使科学外交家能够与伦理构建师及公民社会携手合作,探索以理解和促进共同利益、服务共同福祉为重点的政策选择。

第九章

# 伦理学家、科学政策与政治

1959年,英国物理学家、小说家斯诺(Charles Percy Snow,常被称作C. P. 斯诺)在剑桥大学进行了题为"两种文化与科学革命"的瑞德演讲*。演讲中,斯诺指出科学与人文(即标题中的"两种文化")之间幽深的文化鸿沟。他特别哀叹了不少自己认定为文学知识分子的人缺乏科学素养,其中许多人动不动就把科学家视作文盲:

> 我参加过许多聚会,在场宾客按照传统文化标准俱饱读诗书,个个饶有兴致地表示无法相信科学家的知识多么匮乏。有一两次我忍不住发问,他们当中有多少人可以描述热力学第二定律,于是一下子冷场了,没人能答上来。可是,我所问的在科学上相当于:**您读过莎士比亚的作品吗**?
>
> 我相信,如果我问的是更简单的问题,例如"质量(或加速度)是什么意思"——那于科学而言相当于问"您识字吗"——在场只有不到1/10受过高等教育的人会觉得我与他们所说的是同一种语言。由此可见,现代物理学的伟大大厦已拔地而起,而西方世界大多数最聪明的人对它的洞察力,与

* 瑞德演讲是16世纪在剑桥大学开始的一项学术活动,进行各种关于人文学科、逻辑学、道德和自然科学方面的演讲。——译者

他们新石器时代的祖先相差无几。

倘若斯诺讨论的是生物学而非物理学,那“更简单的问题”可能会是:“您知道基因或染色体是什么吗?”斯诺认为,科学文化“包含了大量论据,通常比文人的论据更严格,而且几乎总在更高的概念层次上”。接着,他将文学知识分子描述为“天生的勒德分子”,并引述其他人的描述称其“在政治上愚昧无知”。

1962年,利维斯(Frank Raymond Leavis,常被称作F. R. 利维斯)严厉抨击了斯诺的工作和个人。在其于唐宁学院题为“两种文化? C. P. 斯诺的意义”的里士满演讲中,利维斯嘲笑斯诺,轻蔑地指出科学家聪明但没文化。斯诺声称,在文人聚集的晚会上没有人能解释热力学第二定律,而那“在科学上相当于:你读过莎士比亚的作品吗”。对此利维斯回应:“在科学上没有与之相当的问题,硬要将两种差异巨大的学科作比较,这毫无意义。”

1963年,斯诺出版了《两种文化》(*The Two Cultures*)第二版,书名是《再看两种文化》(*The Two Cultures: And a Second Look*)。他在书中介绍了第三种文化的概念,在这种文化中,科学和人文学科可以直接对话。在许多人看来,斯诺提出的第三种文化从来没有出现过,据英国艺术史学家坎普(Martin Kemp)所言:“科学与人文科学之间的裂痕真实而紧迫。”

从另一个角度来看,科学与人文之间并没有鸿沟。美国内科医生、诗人托马斯(Lewis Thomas)坚持“在所有人文主义者和科学家脚下,是同一个地球,他们都对世界充满……疑惑”。事实上,托马斯在评论斯诺与利维斯的争议时认为:“要是我们没有发明‘科学’和‘人文’两个术语,把它们作为两种不同思想体系的代表,我们的境况会更好。”但还有一些人,包括美国文学代理人布罗克曼(John Brockman)坚持,科学与人文之间的裂痕虽然真实,但并不重要,因为已经出现了一种不同的文化，在这种文化里，科学家（包括社会科学家）作为知识分子的新群体，“定义了我们这个时代受关注而重要的问题”。

在这个新知识分子群体中，有些科学家对弥合科学与人文学科（更广泛地说是“传统文化”）之间的鸿沟兴致勃勃，有些科学家则意兴阑珊。例如哈佛大学心理学教授平克（Steven Pinker）于2015年夏天在《波士顿环球报》（*Boston Globe*）发表了一篇评论文章，赞扬人类基因组编辑的预期益处，并呼吁生命伦理学“让路”。他写道：

> 要是生命伦理学真讲伦理，就不应该基于诸如“尊严”“神圣”或“社会正义”等模糊而笼统的原则，令研究由于繁文缛节、勒令暂停或威胁起诉而陷入停滞，也不应该通过散布恐慌，以在遥远将来可能带来的危害来阻挠即时或近期便可能带来好处的研究。这些推测的危害包括各种偏执错误的类比：与核武器和纳粹暴行类比，与《美丽新世界》和《千钧一发》这类反乌托邦科幻小说中的世界类比，以及与克隆希特勒、人们在eBay上贩卖自己的眼球，或是为人们提供备用器官的丧尸仓库等怪诞场景类比。

在1997年《柳叶刀》（*Lancet*）上一篇关于“伦理产业”的社论里，也能找到批评生命伦理学和生命伦理学家的类似观点。作者语气愤懑地评论了即将由美国科学促进会组织召开，意图制定人类生殖系研究指南的会议：

> 显然有人担心，在未来，生殖系干预将被用来提高人类的各种特征（比如智力）。演讲者（其中只有相当一小部分懂医学）将讨论诸如“‘生殖系改变’在扮演上帝吗”之类的问题。毫无疑问，他们将提出一些雷声大雨点小的建议，将他们不批准的做法定为非法行为，以阻止其进行。如果政府通过立法

> 来规范尚处于发展早期的干预行为，那真够愚蠢的……伦理产业需要扎根于临床实践，而非空谈的道德哲学。

平克和《柳叶刀》的编辑从不同角度将生命伦理学家斥为阻碍科学进步、自命不凡的生物勒德分子。

有趣的是，在另一个极端，有人批评生命伦理学家对待前沿科学过于热情而不加批判，简直是“全力提倡而非批判地探索”。这些生命伦理学家为科学的车轮落力上油，反被嘲笑为“女仆、仆人、香膏、走秀狗、假模假样的东西……各种词语将生命伦理学家描述为仆人、寄生虫、骗子和叛徒”。

面对如此蔑视，生命伦理学在政策制定领域所获得的成功数量寥寥、持续时间短暂，也就不足为奇了。然而，这个问题并不止步于嘲笑。坦率地说，生命伦理学家过去对政策审议的贡献并不总有裨益。在某些情况下，生命伦理学家坚持这样一种观念，即他们的作用仅限于提出问题和确认议题，如此一来，政策制定者、立法者和公众成员既没有得到分析，也没有得到倡导，不知如何是好。在某些情况下，生命伦理学家（也许特别是受人文学科训练的生命伦理学家）阐述了他们的理论立场，却没有帮助他人理解。在另一些情况下，理论立场得到解释，但没有注意到决策过程有利于高学历者、富人和权贵的利益，具有局限性。在倡导具体政策选择的生命伦理学家中，有些人并不总是关注他们的观点如何在系统性结构不平等导致不公正的情况下产生有害结果。其中一个例子是生命伦理学家捍卫商业化的代孕，却没有直面解决买主（准父母）和卖主（立约有偿孕育孩子的女性）之间的权力失衡。另一个例子是生命伦理学声称，出于社会和医学原因，杀害新生儿应在与堕胎相同的情况下被允许，却没有考虑其论点的政策含义。在此背景下，质问生命伦理学专家在科学政策和政治中是否起到有用（且合法的）作用，合情合理。

对许多人而言,生命伦理学专家的存在本身就自相矛盾。有人会问,伦理学关乎价值观和观点,而非客观事实或伦理真理,那作为生命伦理学专家意味着什么?回答这个问题首先要质疑一种错误观点,即专家从定义上说是能够接触真相的人。以建筑学举例,有的建筑师拥有非凡的知识、技能和艺术才能,被公认为这一领域的专家,但同时,我们并不会假定他们比起其他人更了解世界上最美丽的建筑的真理。也就是说,我们不指望他们为"泰姬陵、圣索菲亚大教堂、毕尔巴鄂古根海姆博物馆和圣家族大教堂哪座建筑更美"提供一个权威答案。不管他们的意见如何,都不会改变他们的专家地位。同样,生命伦理学专家可以是在伦理道德方面具有独特知识、技能和创造力的人,他们作为专家值得被认同,但不必假装比其他人更清楚是非真相。

正如我在30年前首次提出,生命伦理学专家是对主要伦理学原理、概念和理论特别了解并能熟练解释的人,他们知道何时以及如何使用它们来解决伦理问题。他们掌握的"知识",并非关于如何将道德数据纳入特定道德理论以找到"答案"的技术性知识,而是一种实践知识:如何(以谨慎、集中的方式)思考参与伦理探究、辩论或冲突的个人所持有的价值观和目标。在例如诊所、研究机构或政策研究所等实际环境中,这种实践知识要求理解他人,并与他人公开接触,努力为道德困境制定有用的解决方案。此外,生命伦理学专家拥有相当丰富的理论和历史知识,这使他们不仅能够将当代伦理争议置于更广阔的背景下,还能够从过去的伦理成功和失败中吸取经验教训。

此外,对于执业生命伦理学家——例如参与临床协商或政策协商的生命伦理学专家——而言,他们的生命伦理学的专业知识还需要带上某些个人属性(性格特征),包括智慧、公正、诚实、忠诚、勇敢、坚忍、耐心、节制、慈悲(善良、仁爱)、谦卑和正直等。这些性格特征表现为一种独特的意愿,令生命伦理学家从一系列角度考虑伦理议题,承诺对个人和职业偏见保持透明，并愿意在他人的工作基础上再接再厉。同时，在应用环境中工作的生命伦理学专家需要具备相当水平的人际交往、沟通和倾听技能。

由此，我提出了4个理想化的生命伦理学专家角色：伦理理论家、伦理分析员、议题倡导者以及伦理构建师。我所想象的这些角色与其在科学领域的同行相似，只不过不同专家所运用的专业知识有所不同。对于第一种伦理角色，即伦理理论家而言，生命伦理学家由于其作为知识生产者的有限作用而处于决策过程的边缘。在第二种角色，即伦理分析员中，生命伦理学家作为顾问和阐释者，极少参与决策过程。而在议题倡导者和伦理构建师的角色里，生命伦理学家深度参与决策。与科学议题倡导者一样，伦理议题倡导者努力减少正在考虑的政策选择范围，使决策始终专注于他们的首要选择。相较之下，伦理构建师致力于扩大决策过程的参与者范围，以此扩大所考虑的信息、想法和价值观范围，以便我们所有人，专家抑或非专家，都能对决策过程作出有意义的贡献。这可能包括令处于社会边缘的群体得以发声，使他们能助力制定有创造性的选择，并为尊重差异的共识决策创造机会。

### 伦理理论家

伦理理论家作为一种理想化的生命伦理学专家，对政策制定兴趣缺缺（也许也不怎么在意政策制定）。他们只关注理论的一致性和概念的清晰性。例如，他们可能对各种伦理理论的优缺点、分配正义和社会正义两者相比之下的意义和范围，或各种滑坡论证类型怀着浓厚兴趣。在追求一个或多个兴趣点的过程中，伦理理论家为政策制定者、立法者和公众提供了丰富的知识，令他们可以在合适的时候将这些知识用于决策。

例如反对可遗传人类基因组编辑的滑坡论证。支持“滑坡”观点的人可能会认为,通过改造人类胚胎的基因来纠正有缺陷的基因(如囊性纤维化、镰状细胞贫血或亨廷顿病)在伦理上也许没有错,但倘若准父母被允许这样做,渐渐地,他们肯定会使用可遗传基因组编辑来纠正他们认为"不可取"的基因(例如肥胖相关基因),或者引入他们认为"可取"的基因(例如耐力相关基因)。这种对特定性状、能力的挑选,将产生设计婴儿和新的技术优生学(如电影《千钧一发》所展示的)。要避免这种在伦理上令人担忧的结果,便要禁止所有可遗传人类基因组编辑,即便是将其运用于纠正缺陷基因也不可以。

倾向于支持某些但并非所有生殖系修饰的政策制定者、立法者和公众可能不大确定这一论点是否正确,并可能怀疑其预测的可怕后果是否真会发生。设计婴儿和技术优生学不可避免,还是仅仅可能发生? 在思考这个问题时,了解不同类型的滑坡论证可能会有所帮助。

例如,概念上或逻辑上的滑坡论证认为,一旦个人采取了重要的第一步,在逻辑上便必定会完成所有后续步骤(从而滑落至斜坡底部),除非有足够的符合逻辑的理由拒绝采取一个或多个后续步骤。这种类型的滑坡论证关乎合理性的逻辑,避免滑坡的方法是从一开始就引入一条故意设计的明线,所有人不得越过雷池。

相较之下,心理滑坡论证并非基于逻辑,而是基于预测,即由于心理原因,一种行为会导致另一种行为。解释一下,此论证的主要思想是一旦某一行为被广泛接受,人们就会继续接受其他类似做法,因为他们看不到它们之间有任何有意义的(道德上的)区别。也就是说,在心理上接受一种做法,会让我们准备好接受另一种(在道德上可能存疑的)做法。这里的重点是关于对"可能会发生什么"的预测,而非对"在逻辑上这些原则和规则意味着什么"的预测。

政策制定者、立法者和公众在试图评估不同政策选择的优点时,可能会从了解不同类型的滑坡论证中获益。然而,伦理理论家并不能帮助理解和应用这些区别，因为他们是知识生产者，而非知识提供者。伦理分析员则是知识提供者的一员，他们对此有充分准备，很适合解释个中区别。

### 伦理分析员

与伦理理论家一样，伦理分析员也是其所在领域的专家，他们对证据和论证深感兴趣，并避开政治激进主义。与伦理理论家不同，伦理分析员通过提供资源，澄清理论观点、概念、问题和选择，并揭示潜在价值，以有限的方式为决策作出贡献，从而帮助提高政策制定者、立法者和公众的伦理素养。

其中一些伦理分析员对批判性地研究道德理论、历史先例和价值假设的含义尤其兴致勃勃。几年前，美国哲学家克劳泽（K. Danner Clouser）描述伦理学家的兴趣之一便是"到处翻翻找找，尝试各种原则，遵循各种推理路线，探索各种概念、解释、定义和观点"。这一描述恰如其分地符合伦理分析员的角色，他们希望避免被卷入有关规范性问题的政治辩论，而更愿意在一旁扮演积极可靠的顾问、阐释者、技术顾问和促进者等角色。

伦理分析员不参与是否应该允许或禁止可遗传人类基因组编辑的政策辩论。根据需要，他们旨在通过促进理论一致性、提供清晰概念和鼓励对基本假设的讨论来改进决策。正是在这一参照系内，伦理分析员与伦理理论家有所不同，前者努力帮助政策制定者、立法者或公众理解在有关生殖系基因组编辑的伦理辩论中常见的不同滑坡论证。

就逻辑滑坡而言，有人认为，避免滑向设计婴儿和技术优生学的方法是，从一开始就在道德上可接受的生殖系修饰与不可接受的生殖系修饰之间引入一条故意设计的明线。有人提议在"治疗"和"增强"之间划上一条道德分界线。然而，一些人认为这并非一条明确的界线。如西尔弗解释：

> 客观地划定界线并不可能。在每一个例子里，基因工程都被用来给孩子的基因组添加一些在其父母的基因组中不存在的东西。因此，在每一个案例里，无论是给孩子一些其他孩子天生没有的东西，还是赋予他们一些全新的东西，基因工程都是基因增强。

康福特雄辩地阐述其关于预防、治疗和增强的相同观点："我们如何区分预防心脏病和尽量减少不良饮食的后果？减少酗酒的机会算是治疗还是增强？说到底，任何逻辑上的争论，都无从减缓从预防到增强的下滑，或是从个体到群体的下滑。"

在西尔弗、康福特等人看来，使用人类生殖系基因组编辑无可避免地会导致设计婴儿和技术优生学，因为"治疗"与"增强"之间的界线难以辨别(或模糊不清)。

另一个可以说是更健全的分界线，是体细胞基因组编辑和生殖系基因组编辑之间的界线。只要允许体细胞基因组编辑，人们就可以追求健康相关或非健康相关的干预措施(有些人可能依然将其视为"治疗"或"增强")。只要禁止生殖系基因组编辑，便可以避免设计婴儿和技术优生学。

然而，这一分析与心理滑坡并不一致，人们认为，接受体细胞基因组编辑在心理上为我们接受设计婴儿的生殖系基因组编辑作好了准备。如果在病人身上纠正一个有缺陷的基因是可以接受的，那为什么不在病人未来的孩子身上纠正这个基因？为什么要一次一代地纠正有缺陷的基因？这种想法将导致一些人从病人的体细胞基因组编辑转向以生殖为目的的生殖系基因组编辑。一旦迈出这一步，就不难迈出下一步，并允许将两种类型的基因组编辑用于健康相关和非健康相关目的。为支持这一观点，伦理分析员可能会说，关于胚胎植入前遗传学诊断和产前基因检测的各种做法颇有指导意义，因为它们表明，从使用一种技术防止患有严重遗传病的儿童出生，到使用同样的技术来防止带有非疾病的遗传状况的儿童出生（例如，在没有伴性遗传病的情况下进行性别选择）是多么容易。

更广泛地说（在讨论滑坡论证以外），伦理分析员可以通过审查某些理论框架的局限性（如功利主义思维），解释积极优生学和消极优生学之间的区别，讨论拥有开放的未来权利的概念，批判性地审查诸如知情内容、保密性、公共利益和共同利益等问题，从而为有关基因组编辑伦理的政策辩论作出贡献。如此一来，伦理分析员的理想化角色可能比伦理理论家更可取，因为政策制定者、立法者和公众在辨别、解决伦理议题和选择时不需完全依靠自己。

### 议题倡导者

与伦理理论家和伦理分析员不同，议题倡导者欢迎有机会积极参与决策过程，也不回避规范性问题。他们与特定的利益，也许还有某种特定的伦理理论（或观点）相一致，特别热衷于说服政策制定者、立法者和公众，令其相信一个或多个与他们的利益相重叠的政策选择的优点。通过这种方式，伦理议题倡导者和科学议题倡导者一样，旨在缩小正在考虑的政策选择的范围。

在可遗传人类基因组编辑的政策辩论中，某些议题倡导者可能会主张使用该技术，坚持准父母选择子女（及子女的后代）的基因特征并无错误，前提是他们所期望的改变不会对孩子造成伤害。另一些议题倡导者可能会将可遗传人类基因组编辑作为优生学的一种形式，从而反对其使用，并强调对已经相当脆弱和边缘化的群体而言，会有加剧歧视的重大风险。最近发表在《国家地理》（*National Geographic*）杂志上的一篇文章陈述了赞成和反对的双方意见,英国哲学家哈里斯为人类生殖系基因组编辑"可能减少甚至消除许多严重遗传病的发生率,减少全世界人类的痛苦"的说法进行辩护。另一边,美国基因与社会中心的执行主任达诺夫斯基(Marcy Darnovsky)持相反意见,她强调了一系列重大的社会问题和政治问题,包括"基于市场的优生学出现将加剧业已存在的歧视、不平等和冲突"。

议题倡导者中包括社会变革者。这些生命伦理学专家旨在改善不公正地处于不利地位或边缘地位的个人的社会制度和社会背景条件。他们的倡导致力改善人类处境。社会变革者里有女性主义生命伦理学家、社群主义者和其他改革者,他们明确尝试通过消除社会制度、惯例和公共政策中的不公正以纠正道德上的不公正情况。正如哲学家、女性主义生命伦理学家舍温(Susan Sherwin)和我之前所言,这些生命伦理学家首先"致力于认识和纠正权力失衡,减少由社会结构、政治结构、经济结构和其他结构所建立和维持的不平等"。作为倡导者,他们致力确保他人(特别是不公正地处于不利地位、不愿意或不能为自己辩护的人)的观点、价值观和利益得到公平代表和被适当考虑。这要求他们不仅关注眼前的问题,也要关注令决策仅限于特权精英的各种社会背景条件。

社会变革者的首要目标是,确保关于可遗传人类基因组编辑的伦理讨论和辩论考虑到我们共同的人性和共同的脆弱。他们所面临的挑战是确保其倡导能够增强自主性,且不会因为误解或歪曲而助长(或借鉴)现有的压迫模式,重要且适当的是确保所有人——包括不愿意或不能代表自己主张的人——的观点、价值观和利益得到适当的代表。人们出于各种原因不愿意表达意见,但他们的沉默并不意味着没有意见可贡献。社会变革者的另一个重要义务是设法"与"(倘有适当的时间和空间)愿意且能够自己发言的人对话,而非"代表"他们发言。

**伦理构建师**

对伦理构建师的理想角色而言,首要目标是最大限度地参与政策制定过程,防止预期排斥,并通过确定共同利益点和趋同点来培养和谐的集体决策。与旨在缩小政策选择范围的议题倡导者不同,伦理构建师致力通过创造包容、综合和友好的审议空间完善选择,让所有人,特别是弱势群体和历史上处于不利地位的群体成员的意见都得到倾听。伦理构建师通过重新勾画并配置制定政策所需的空间——文字化和具象化的空间——来达成目标,以期扩大为政策讨论作出贡献的参与者的范围。

2016年,我在柏林墙倒塌周年纪念日举行的柏林墙倒塌会议上担任演讲人并被邀请回答"科学和社会的下一道墙是什么"这一问题。我谈到,拆除科学(科学家)、生物技术产业(生物技术高管)、政府(政策制定者)和公众之间的高墙的必要性。我邀请观众想象一个世界,在这个世界里,人人都能参与关于人类基因组编辑未来的对话。我提出,这需要拆除实验室和会议室周围的高墙。这些空间并不欢迎不具备特定资格证书的人,且目前仍是高度性别化的空间。我建议把谈话移到厨房去,因为厨房是大多数人熟悉的地方,我们通常在厨房里分享食物,交流沟通。接着,我建议我们甚至可以逃离这些围墙到屋外去,一边野餐一边谈话。

根据具体情况,这种包容策略可能会消除或丰富现有的政策意见,并可能引入新的政策选择。伦理构建师还试图改变习惯、制度结构和(也许最重要的是)思维方式,令所有意见,包括处于边缘的微弱声音,都能被听见。例如,将社会和经济上处于不利地位的女性纳入某些政策审议,可能有助于改变现有对女性生殖选择的法律限制。同样,让残疾人参与有关基因修饰的政策讨论,可能会对是否应该预防诸如耳聋和失明等感觉剥夺提出有用的质疑。

在此，必须承认，不同宗教、文化、种族、社会经济、政治以及其他群体的成员所持有的信仰体系和价值观之间的差异，既富有意义也相当重要。参与者的能力、性取向、性别认同和国家认同各有不同，可能会令情况更加复杂。伦理构建师试图引入考虑形形色色的生活经验、观点看法、优先事项和沟通方式的伦理过程，由此防止产生预期排斥——当人们认为自身利益和关切不会得到公平考虑，便选择不参与讨论和辩论。为求和谐，伦理构建师致力寻找可以有效达致不失诚信的折中的共同价值观。

总而言之，伦理构建师有责任为合作、公平和包容的对话创造大家可以相互学习的真实空间与想象空间，也负责设计健全的道德程序以支持这种对话。由此，伦理构建师旨在通过丰富而非指导决策过程，赋权政策制定者、立法者和公众。出于以上责任，伦理构建师一开始并不支持任何具体的政策选择。然而，随着讨论的进行，某些伦理构建师可能会选择兼任议题倡导者或社会变革者的角色，努力推进一个或多个政策选择。

我正是作为社会变革者和伦理构建师，坚持需要在可遗传人类基因组编辑上达成广泛的社会共识。我认为，在我们共同努力确定能否从可遗传人类基因组编辑中获益——以及倘能从中获益，又将如何获益——的过程中，鼓励相互尊重的对话并促进公众赋权至关重要。

• • •

社会变革者和伦理构建师的理想化角色说明，我们需要一种新的、能解决我们的社会弊病的生命伦理学。我把这种新的生命伦理学称为“影响伦理学”。我使用“影响伦理学”一词有几重理由：鼓励即便遭受挫折和批评也要向权威传达真相，强调挑战主流叙事和参考框架的重要性，激励他人行使道德想象力。更广泛地说，我以这个术语来描述一种以价值观为基础，以政策为导向的生命伦理学方法，其主要价值观是创新、责任和义务。

其中一个著名的创新生命伦理学例子由女性主义生命伦理学者践行，它摒弃了传统上对自主性的理解，即自主性由独立、有能力、理性的个人所享有，支持对自主性的关系性理解，明确表示人是相互依存、相互关联的存在，并承认自主性在重要方面上是社会关系的产物。根据这一观点，人是处于社会、政治和经济地位上的人，在与他人的交谈和互动中发展自己的兴趣和价值观。这种对自主性的关系性理解使我们注意到不那么熟悉但同样重要的概念，例如睦邻友好、互惠互利、社会团结和共享共有，这些概念构成承诺社会正义的基础。同时，这种理解也有助于我们更清楚地思考政策决定将以何种方式对不同处境的人产生不同影响。

创新的生命伦理学重视道德想象力。它邀请我们在个人自由和市场经济的主导框架——这些框架巩固了当代对公共利益的理解——以外考虑有争议的伦理议题、探讨对共同利益的承诺。公共利益可能仅限于正当程序、多数意见或对多数人而言有利的利害比，共同利益则指我们所有人的福祉利益。在公共卫生领域，现成的共同利益的例子包括清洁的空气和免于核战争的自由，因为两者都不可能只被某些人享有，而是同时被所有人享有。共同利益不同于公共利益，它并非我们其中一些人的自主性和自由利益的集合或混合。

从这个角度来看，创新的生命伦理学为生命伦理学的探索引入了一个新的主题——包罗万象的万花筒，它为新的组合提供了无限的可能性。在此情况下，它为追求公平公正、承认“我们是谁以及我们重视的很多东西都根植于我们与他人的关系和联结”的科学政策，提供了更多新颖的方法。与此形成鲜明对比的是，主流生命伦理学有时会盲目推进特权人士的自由利益，即便当地社群甚至全球人口的集体利益超过了这些利益。

影响伦理学的第二个界定特征是“负责任的生命伦理学”，它要求对决策和政治的现实世界保持敏感，这对于受人文学科训练的生命伦理学家而言尤其具有挑战性。事实上，30多年前，美国哲学家布罗克就指出：“公共政策过程的目标和限制，与学术活动整体及特定哲学活动的目标之间，存在着深刻冲突。”学术哲学家可能会全力追随论点和证据，但负责公共政策的人可没有闲情逸致将伦理问题作为有趣的谜团来解决。政策制定者必须及时对政策议题作出反应，同时必须注意其政策选择所带来的种种预料之中或预料之外的实际后果。

负责任的生命伦理学也需要熟练的从业者，他们能够在适当的时候促进不失诚信的折中，也就是说，在富有成效的讨论中，各方都可以“达成协商”而没有任何一方“被妥协”。当道德原则存在争议，便需要采取行动，而在审议程序失败后，所有人面临的挑战是，如何实现即便大家对“前进”意见纷纭，仍能以最好的方式往前推进。这一特殊的挑战清楚表明，除却个人诚信，负责任的生命伦理学还需要人际诚信。遵循美国哲学家沃克(Margaret Urban Walker)的观点，可把人际诚信视作一种可靠的责任感，重点是坚持一套选定的价值观和原则(最好是促进社会公正的价值观和原则)。如此一来，人际诚信不仅指原则上的一致性，还涉及其他方面的承诺。这说明，当我们在与他人打交道时努力做到可靠、热情和公正，便有必要超越所谓的“窘境伦理”，以真正关注我们是什么样的人，想成为什么样的人。

影响伦理学的第三个界定特征是问责。众所周知，问责素来难以界定。我最初的假设是，从事政策协商的生命伦理学家必须对所有可能受到政策审议及其结果影响的人负责。至少，这种问责要求在采取立场和提出政策选择时保持透明并阐明理由。从事政策协商的生命伦理学家也应对他们所从事的研究项目负责。

对他人的责任取决于个人参与的深度、对其他人的信仰和价值观的关注，尤其是由于现有经济、社会实践、政治实践和制度而处于不利地位的人的信仰和价值观。从过程来看，进行广泛而有意义的公众协商以更好地理解和解决所有问题，其重要性怎么强调都不为过。这并非关于召集著名的科学家、临床医生和伦理学家组成各种小组，为他们提供来自公众调查或公众参与的数据。如美国政治理论家、女性主义者杨(Iris Marion Young)所言，这是关于开发各种途径，“将所有潜在受影响方或其代表纳入公众审议过程”。可问责的生命伦理学支持通过集体努力提供高质量的证据和论证，并对其进行审查和评估。它也侧重于和谐一致的决策。在评估可遗传人类基因组编辑等前沿科学时，重要的是不要忽视“事事俱相关”的事实，也不能忽视科学政策领域的决策会对其他领域(如卫生、社会服务和教育)的决策产生影响。

此外，生命伦理学家应该对政策审议的专业知识水平负责，其中包括对相关理论、历史、事实和实践问题的深刻理解。此处的关切点在于，某些伦理学家自以为在大多数(若非全部)议题上拥有伦理专业知识，却缺乏为特定政策事项提供建议所需的知识、经验的深度和广度。生命伦理学家还应负责构建政策议题和政策选择的框架，确保解决系统性的经济、社会和政治的不公，而非将其视为理所当然。正如我在此处及其他地方所论述的，生命伦理学家有义务质疑“人类的繁荣应以社会经济的角度来衡量，着重生产力和物质产品”的主流观点。

影响伦理学是创新的、负责的且可问责的。这是一种应该受到科学界，尤其是像平克那样的人重视的生命伦理学。它的目的并非阻碍科学进步，而是将科学置于更广泛的社会文化背景下，确保覆盖范围甚广的利益、信仰和价值使我们了解什么是进步，以及如何最好地实现进步。

第十章

# “我们所有人”为了“我们每一个人”

我站在英国伦敦弗朗西斯·克里克研究所外的广场上，凝视着《范式》——一座令人印象深刻的14米高、用耐候钢制成的雕塑。艺术家肖克罗斯(Conrad Shawcross)将其描述为“潜力的隐喻，代表着成长、冒险、大胆和勇敢的潜力”。我望着它，看到的却是非常不同的东西：巨大的雕像由一只小小的脚板支撑，看上去快要倒了。然后呢？我转身离开雕塑走进由玻璃和铬合金打造的建筑，它与外面的耐候钢雕塑形成鲜明对比。

我在接待处作自我介绍后被邀请坐下。我与尼亚坎(Kathy Niakan)预定会面，她是一位出生于美国的发育生物学家。我们素未谋面，但自2015年她首次向人类受精和胚胎学管理局(HFEA)申请批准对人类胚胎进行基因改造后(项目于2016年2月获得批准)，我便知晓她的工作。尼亚坎向我打招呼，带我通过安检去到她的办公室。我们杂七杂八聊了许多，主要关于她涉及人类胚胎的研究。我觉得她热情而亲切。

这次会面几天后，我在网上看到一篇新闻，内容是关于尼亚坎刚刚在《自然》上发表的文章。我很惊讶。我们见面时，她并没有提及即将发表文章。我给她发邮件要求再次会面。会面间，尼亚坎对没有提及文章发表表达了真诚的歉意。她很乐意分享各种详细信息，她甚至给我正在撰写的一篇短评提供了大量编辑反馈,以解释她的研究旨在提高我们对人类胚胎发育的理解,跟其他旨在纠正错误基因的生殖系编辑研究有所不同。

自此以后,我多次想起那两次会面。我习惯于收到关于有争议的前沿科学的秘密信息。这让我有时间为媒体准备知情意见。为什么尼亚坎不告诉我她在《自然》上发表的文章?对于这个尖锐的问题,显而易见的答案是她不认识我——对她而言,我是个陌生人,她不可能知道我是否值得信任。我明白这一点,但是我问自己,科学家明白为什么公众并不总是信任他们以及他们的科学吗?根据我的经验,科学的透明度极低,于是,有时几乎没有问责。对许多人来说,这种组合会滋生不信任。

• • •

1967年,美国生物化学家、遗传学家,后来因"破译遗传密码"获得诺贝尔奖的尼伦伯格(Marshall Nirenberg)在《科学》上发表社论,呼吁人类需谨慎决定如何能最好地控制我们的生物学未来。尼伦伯格预言,我们很快便会有能力塑造自身的生物学命运,他认为这种力量应该由一个知情的社会决定,被用于造福人类。他以他那个时代的语言(今天我们用"human"代替"man"表达"人类")写道:

> 生化遗传学领域正以极快的速度获取新信息。目前为止,这种知识对人类的影响相对较小。在实际应用之前必须获得更多信息,也必须克服非常艰巨的技术问题。然而,消除以上障碍后,这种知识将极大地影响人类的未来,因为人类将具备塑造自身生物学命运的力量。运用这种力量可能是明智的,也可能不明智;可能造福人类,也可能危害人类……
>
> 特别值得强调的一点是,在能够充分评估这种改变的长期后果前,在能够制定目标前,在能够解决将被提出的伦理和

道德问题前,人类可能已经可以运用合成信息规划自身的细胞。当人类有能力给自己的细胞下指令,他必须避免这样做,直到有足够的智慧利用这些知识造福人类。现在距离需要解决这个问题为时尚早,我早早提出问题,是因为有关应用这一知识的决定,最终必须由社会作出,只有知情的社会才能明智地作出决定。

换言之,在人类身上使用遗传技术的决定太重要了,不能单单留给科学家判定。

50年后,在波士顿举行的美国科学促进会2017年年会上,我聆听了英国皇家学会主席拉马克里希南(Venki Ramakrishnan)关于集体责任和集体决策对人类福祉的看法。以他的话来说:

在考虑我们可以运用技术做什么的时候,我们也需要考虑我们应当做什么。而这不应该由一小部分国家中的一小部分人决定,因为这些新技术将影响我们所有人……

随着遗传技术不断发展,我们需要讨论如何使用它们,以及我们希望它们将我们带往何方。例如,我们是否已经——或应该——从观察、保护和控制自然转向创造、指导和塑造自然以及我们自己?

再次,所传递的信息是:遗传技术的伦理和治理决策并非只限于少数人。

为了将公众纳入使用遗传技术的决策中,科学家、政策制定者和其他人开展了一系列关于人类基因组编辑的公共教育计划。许多类似计划俱假设公众对基因组编辑的犹豫和怀疑在很大程度上是由于信息不充分或不完整,于是计划都围绕以下想法组织:倘若公民了解相关科学技术,他们便会支持它。但这种方法存在严重谬误,因其认为人们是出于无知和情感而不愿意支持可遗传人类基因组编辑。其实,个人和团体不“支持”这项技术有许多原因。除了具体的伦理反对外,这些理由还包括对科学家的不信任、对进步和繁荣的不同理解、对科学的傲慢的断然反对,以及对“研究自由”所涵盖范围的分歧。与此同时,还有人质疑辅导性公共教育的价值,坚持认为相关的科学过于复杂,外行人无法理解。然而,有证据表明,普通公民能够很好地理解复杂的科学,从而对伦理问题和治理问题进行有益的辩论。

有人寻求提高公共教育的质量,有人质疑这种努力的价值,也有人寻求从公共教育(单向)转向公众参与(双向)。真正的公众参与目标在于让公众参与对话,从而促进意见、价值观和优先事项的有意义的交流。然而,与公共教育的倡议一样,这些努力也可能存在严重缺陷,因为公众协商往往由政策制定者自行决定,且往往没有健全的机制将公众对话中提出的观点转化为公共政策。因此,公众的贡献通常仅限于“启发政策环境”,而其中意义不甚明了(也没有任何意义)。当公众参与的努力由政府或专业组织而非以社群为基础组织管理,这种局限性尤其严重。如果政策制定当局保持对权力的坚定控制(这在他们设计、资助和管理公众参与时经常发生),那么有意义的公众对话可能并不容易进行。对话的障碍包括会议的地点和时间安排使参与者不便、强制性登记、预先设定了议程和目标、预先打包了信息,以及事先策划了促进活动。

我们以其中一个难处——议程设置——为例。公众参与活动可能已设定一个目标,即“为政策制定者、行业和研究社群提供基于证据的建议”。然而,当有机会,参与者可能更倾向于“为临床医生、研究人员和政策制定者提供基于价值和证据的建议”,又或者他们原本仅仅抱着谦逊的目标,“去学习,去反思,再继续学习”。当公众参与计划的参与者没有参加议程制定,且对于参与目标有不同看法,肯定会产生挫折感。由此,富有意义的协商可能会被简化为生搬硬套,不同观点只是为了满足预先设定的议程而被堆在一起。

避免这种失败的方法之一是通过公众赋权来改进当前在公共教育和公众参与方面的努力。公众赋权的公开目标是改善自主和代理的环境条件,以期分享权力。如此一来,在伦理讨论和政策辩论中,利益集团和广大公众将或多或少拥有平等的地位和同等的影响。对公众赋权的承诺由两个不同但相关的信念决定。第一种观点认为,把权力集中在极少数人手里并不明智(甚至危险)。第二种观点认为,共享权力对于平衡理解各种政策选择和机会所带来的科学、社会、文化、政治和经济后果至关重要。此外,在公众赋权下,有时更容易认识并注意到公众并非单一的整体。例如,在考虑可遗传人类基因组编辑的伦理和治理时,人们会运用自身经验作为指导,这可能包括与遗传病相关的个人和家庭生活经历,当然也将包括由诸如性别、年龄、宗教、种族、能力、教育和政治等人口统计因素,以及不同(也许重叠)的社会和政治团体成员或网络带来的生活经验。

根据这一观点,须承诺确保全球各行各业的公民都有机会对讨论、辩论和决策作出有意义的贡献。人类基因组的变化将影响我们所有人,因此,我们所有人都有共同责任认真考虑我们的未来及发展方向。摆在我们面前的关键问题是,考虑到所有潜在危害,包括灭绝的风险,人类是否应该故意重塑自我。

公众赋权是公众参与决策的一个崭新但必要的进步。这项工作可以由"'我们所有人'代表'我们每一个人'"完成——不仅仅是科学家和伦理学家,而是每一个人。一段时间以来,各行各业的社会变革者一直在呼吁,就可遗传人类基因组编辑和人类未来展开有意义、合作、公平和包容的讨论。目标是让所有可能受到可遗传人类基因组编辑的伦理和治理政策选择影响的人——亦即"我们所有人"——有时间和空间为全球审议作出贡献。

人们所希望的公众赋权的最大好处是，在科学家和各种公共团体之间以及在各自内部建立持久且相互尊重、相互信任的关系。倘这些关系得到发展，其中相互尊重的对话以及相互合作、共同决策的进程，与其可能产生的任何成果，都可能帮助我们创造一个更美好的世界。

• • •

2016年12月，巴塞罗那大学生命伦理学观察站发表了题为《关于人类生命伦理学和基因编辑》(*Document on Bioethics and Gene Editing in Humans*)的报告。在呼吁公众理性地参与有关生命伦理学和基因编辑的辩论时，作者明确提出："媒体和公众必须参与包容、前瞻及知情的社会辩论，这将促进基于尊重人权、以正义和平等为导向的公共研究政策。"

此后不久，2017年2月，美国国家科学院和医学院发表报告《人类基因组编辑》，申明"公众参与始终是新技术管理和监督的重要组成部分"。该报告包含5项关于公众参与的不同建议，其中一项建议就是将人类生殖系基因组编辑用于"增强"进行公众讨论和政策辩论(报告作者在缺乏公开讨论和政策辩论的情况下已经确定，在某些条件下，"出于令人信服的目的，为治疗或预防严重疾病或残疾"继续进行生殖系基因组编辑是可以接受的)。

一个月后，即2017年3月，荷兰卫生委员会和荷兰遗传修饰委员会发布题为《编辑人类DNA》(*Editing Human DNA*)的报告，其中包含了支持公众参与决策的强烈声明：

> 重要的是让社会里更广泛的群体，如潜在患者或其父母，在早期阶段积极参与到选择中来。深思熟虑、意见形成、公众参与和问询意见对于确定是否可能对生殖系修饰进行"社会健全"且合法合理的应用至关重要。它们构成了是否允许使

用生殖系修饰的政治决策的重要基础。

同年晚些时候，2017年9月，德国伦理委员会的报告《人类胚胎的生殖系干预》发出呼吁，要求展开全球讨论。报告作者指出，由于这项技术"不仅涉及国家利益，也涉及全人类的利益，有必要进行广泛的讨论和国际监管"。2018年7月，英国纳菲尔德生命伦理委员会的报告《基因组编辑和人类生殖》呼吁"为广泛的社会辩论提供充分机会"：

> 特别重要的是，在辩论中要注意可能受到间接影响的人们的声音，尤其是可能处于不平等地位或愈加脆弱的人们的声音。因此，需要作出特别努力，与因采用或发展可遗传基因组编辑干预措施而更容易遭受不利影响的群体进行公开和包容的协商。

以上（及其他）报告的共同点在于，意识到公众参以及政策讨论、辩论和决策的重要性，然而，这种参与应如何契合公共教育、公众参与和公众授权，依然不甚明朗。一个值得注意的例外是新西兰皇家学会在集体决策和公众赋权方面的努力。它提供了大量资源"使新西兰人能够就他们对基因编辑使用的看法达成知情意见，这些意见可以纳入新西兰监管该技术的进程"。以上各种资源及后续协商方法是否有效，仍有待观察。

目前，在制定有关可遗传人类基因组编辑的全球政策方面，我们面临两个主要挑战。第一个挑战是，如何使基于不同伦理、宗教、文化、社会、政治、法律和科学观点的不同看法达成富有成效的对话。第二个挑战是，如何在一个情况不明朗、信息不完整、不信任日益增加、在讨论和辩论中愈加不文明的社会和政治环境里，从公共教育进展至公众赋权。

近年来，出现了一些全国甚至全球范围的在线调查、小组会议、小组讨论、研讨会对话等，却似乎缺乏对不同举措的影响的健全愿景。下面我将回顾三种不同的公众赋权机会——民主审议、集体洞察和共识决策——三者俱旨在促进包容性。

• • •

**民主审议**是集体对话和决策的一种形式，致力扩大政策对话，尽可能多地纳入各种观点。它与依靠投票或战略谈判等程序性机制达成集体决定的综合民主模式形成鲜明对比。民主审议的重点是公开、理性的对话。正如美国总统生命伦理问题研究委员会的2016年报告《每一代人的生命伦理学》(*Bioethics for Every Generation*)详述，民主审议是一个反思过程，支持包容、协作的决策。民主审议的参与者分享知识，根据合理的论据提出意见，并探讨相反观点。审议的目标是在考虑经验论据以及伦理、社会价值观的情况下，达成可操作的决定。

根据总统委员会的说法，审议不同于讨论和辩论。讨论侧重于增进理解，辩论侧重于劝说，而审议是深思熟虑、相互尊重的对话，旨在增进共同理解、处理分歧，并确定可接受(协商一致)的政策选择。只要参与者在政治上平等相待，以确定所有人一同遵守科学健全且道德健全的规则、政策和法律为共同目的，这样的审议便是民主审议。

委员会简明扼要地总结了民主审议的好处：

> 成功的民主审议能够增进人们对共同关心的问题的个人理解及相互理解，使公众参与更复杂的政策问题，并促进决策的正当性、合法性。我们民主中的不同利益攸关者参加反映民主审议核心价值的决策论坛，既有即时好处，也有长期好处。

民主审议有助于政策制定者和立法者达成更好、更合情合理的政策结果。政策结果建立在交互推理的基础上，因而“更好”。它们基于广大公民的观点和价值观，因而“更合情合理”。在这种民主中，政策设计的正当性取决于相关专家和非专家公民的投入能否达到适当平衡。正当的科学政策以科学专家和其他擅长预测政策后果的专业人士提供的数据为基础,同时明确促进通过民主审议确定的共同利益。

民主审议作为公众对话和公众参与的工具,面临着一个问题:虽然它让公民参与相互尊重的理性对话,以制定建设性政策和做法,但公民的声音仍可能被排除在决策过程之外。听取政策建议一环有所改进,但合理的政策建议提出后,由于审议工作与决策过程之间的结构性脱节,建议可能会被置若罔闻。这在很大程度上取决于公众协商的方式,更具体地说,取决于与非专家公民的知识、信仰和价值观相比,专家的知识、信仰和价值观是否更加重要。例如,在制定可操作的科学政策建议方面,专家和非专家公民是否或多或少享有平等的地位和平等的影响力?

有人认为,民主审议最适合处理在看似不相容的道德价值间存在深刻分歧的政策问题。然而,在这类型的政策问题里,一方面有不正当操纵的风险,另一方面有对科学专业知识过分遵从的风险,两种风险的可能性皆极高。民主审议应在知情、热心的参与者之间就政策选择进行包容的讨论,在知识翻译和知识交流方面可能会得到专家的协助。不过,在实践中,民主审议通常由科学专家(或政府或科学家聘请来"谈论科学"的其他人)推动,他们设定目标,制定议程,确定事实,通常并不解释潜在的假设,也不暴露价值选择。如此一来,民主审议便很容易成为串通一气、灌输思想的论坛。

最近,在英国皇家学会主席拉马克里希南的倡议下,由皇家学会主办的关于英国遗传技术使用问题的公开对话说明了民主审议面临的一些挑战。2017年秋季举办了三场各自独立的、由专业促进的"遗传技术公众对话"研讨会。对话在三座城市举行,分别针对三个主题;每场对话都有两轮,两轮对话相隔三周。在诺维奇,参与者讨论了植物和微生物。伦敦的对话关乎人类,重点是近期和中期的未来("从现在起的0—10年")。在爱丁堡,对话关于非人类动物。

我担任在伦敦举行的对话研讨会的专家证人和观察员。研究人员向参与者提供背景材料,包括以"在人类中使用遗传技术"为大标题的三项个案研究,分别是:经基因组编辑的人类胚胎、用于医疗的非遗传基因组编辑,以及遗传病检测。分发的材料旨在向对话参与者提供有用、客观的背景资料。然而,所提供的信息存在明显的(尽管可能是无意的)偏倚。

例如,通过基因组编辑修饰人类胚胎的个案研究针对米塔利波夫及其同事纠正导致肥厚型心肌病(一种遗传性心脏病)突变的研究。在副标题"英国的事实和数据"下,提供了以下资料:

> 最近一项研究表明,利用基因组编辑纠正由心肌病患者的精子授精的胚胎中的显性突变是可能的。这需要得到验证,且必须进行进一步安全性检查。因此,以上方法(倘被接受)在英国尚需数年才能提供治疗。

以上描述存在严重误导。第一,它把该研究称为"最近的研究",却没有明确指出这属于前沿科学。当时,在全世界范围内,只有4项关于人类生殖系基因组编辑的研究,其中只有一项关于肥厚型心肌病。因此,这并非一项建立在数年研究基础上的近期研究,可对话参与者可能会得出错误推断。第二,个案研究承认最初的研究结果需要验证,却没有解释研究结果受到著名科学家的质疑,且该项研究尚未经过其他实验室重复。第三,描述提到检查安全性的必要性,但没有提及在安全性、功效性和有效性上缺乏一致标准。第四,对话研讨会注明的重点是近期到中期的未来(从现在起的10年内),由此,关于"几年内"可获得治疗的声明可被对话参与者合理阐释为"10年内",而那完全不现实。

在进行任何种类的生殖系干预前，尚需进行更多年的实验室研究，而后进行更多涉及人类的研究。此外，资料中并没有提供将生殖系基因组编辑的想法从实验室转移到临床的过程中所涉及的科学、监管、法律和资金障碍的相关信息。然而，最令人震惊的错误是，在没有实际患者的情况下，将人类生殖系基因组编辑描述为一种治疗方法。再次澄清最后一点，生殖系基因组编辑涉及配子和胚胎的遗传操作，配子和胚胎既非人类（尽管该个案研究是"在人类中使用遗传技术"大标题下的三项个案研究之一），亦非需要治疗的患者。

至于本个案研究中提供的其他信息，并没有提及这项技术倘在临床上使用成本会很高，也没有推测谁会为此买单。研究中提及一些避免患有这种心脏病儿童诞生的更安全、更简单、更便宜的方法（包括收养、配子捐献、胚胎捐献、经植入前遗传学诊断后对无病胚胎进行选择性移植等），但相关信息被扭曲。例如，"与孩子没有直接遗传联系"被描述为"损失"，这种表达显然带着明显的价值取向。

此外，关于以可遗传人类基因组编辑"治疗"肥厚型心肌病的对话与使用基因编辑细胞成功"治疗"急性淋巴细胞白血病的讨论被放在一起，也并非偶然。2015年6月，伦敦大奥蒙德街儿童医院一名11个月大的婴儿莱拉（Layla）接受了一位健康捐赠者的经基因组编辑细胞。18个月后的2017年1月，婴儿莱拉表现不错。对病例的讨论包括一张温馨的照片，上面是微笑的婴儿莱拉。这段叙述切中要害，提醒对话参与者，有些患有遗传病的人急需治疗。在那些倾向于"拯救"人类胚胎的人脑海里，这一提醒很可能挥之不去，倘胚胎被认为是未来需要治疗的个人，便更是如此。

对人类胚胎基因组编辑案例的研究有着以上提及的局限性，可能会影响对话参与者对伦理议题的评估。最后一份报告的作者表示，参与者对生殖系基因组编辑的主要关切是"同意"问题，如前所述，这不过是转移注意力的伎俩。正如伦敦对话研讨会的部分参与者所言：

> 下一代不会有任何发言权。倘若某些东西已被改变，他们因此而出生，他们对发生在自己身上的事情并没有发言权，也许那太过分了。
>
> 要是我知道别人已经对我动过手脚，我会怎么想？如果只是眼部激光手术，好吧，那是你作为成年人所作的选择，可如果选择是别人一早为你作好的呢。

对话参与者提出的其他关切包括有无其他选择、延长寿命的社会成本、监管和监督的必要性，以及选择的重要性。

传统理解上和实践中的民主审议的另一个问题是规模。民主审议通常发生在当地社群，基于当地的社会、文化和政治背景，因而并非应对全球政策挑战最显而易见的方式。为克服这一限制，最近，“全球视野”举办了关于全球变暖和生物多样性的市民协商，为世界各地的市民提供了独特的机会，参与全球决策。约100人组成的小型团体聚集在世界各地的多个地点，同日举行会议。所有参与者均得到相同的背景信息，以便按照既定模式在配置了主持人的小组中进行回顾和讨论。如“全球视野”官网所述：

> 一天共举办4—5场专题会议。一段信息视频介绍主题议题，然后向市民提出一组(3—5个)问题，并提供预先准备的答案选项。由5—8名市民组成的小组在训练有素的会议主持人协助下讨论面前的问题。在每次30分钟到[1.5小时]的会议结束时，市民针对所讨论的问题进行独立投票。
>
> 随后，选票被收集并汇报至“全球视野”网站，以比较投票结果——从亚洲开始到美国西海岸结束……
>
> 接着，结果由国家级别的负责伙伴、联合国气候和生物多

样性公约缔约方会议的全球级别的协调员进行分析，提交予政策制定者。

“全球视野”举办的活动在名义上与国际决策有着直接联系，通过这种方式改进原本相对传统、熟悉的民主审议形式。然而，这一过程也存在严重的局限性，其中包括时间有限、专业辅导不足、以投票作为决策工具，以及随后提交的是“黑箱”分析和成果报告。“全球视野”能否对可遗传人类基因组编辑的全球政策提供有意义的信息，尚且不得而知，但值得探究。不可否认，通过这种全球协商机制，征求来自不同伦理、宗教、文化、社会、政治和法律传统的人们的意见有其好处。挑战在于需扩大规模，以包括更广泛(更具包容性)的参与者，这可能需要与技术公司建立创造性的伙伴关系，以建立新的、安全的全球通信工具。同时，重要的是要确保：有高质量的资源材料，有能够实时联系以扩充现有信息的专家，让参与者参与议程设置，有足够时间和机会进行反复的高质量审议(因此不能只有一天活动)，以及由参与者而非外部专家提交协商报告。

• • •

**集体洞察**需要集中注意力，倾听并理性对话，但不依赖于理性的决策过程。正如克赖顿大学神学荣誉教授赖特(Wendy Wright)所描述：

> 洞察就是甄别、筛选和评估我们所关注的证据。然而，它与解决问题并不相同。它不是简单地就我们必须作出的某个特定决定权衡利弊，还需判断哪种选择可行，或者确定哪种选择会获得最大支持，或者从长远而言，哪些选择对我们或其他人有利。
>
> 洞察更像是向日葵转向太阳，或是科学家凭借直觉为无法解释的矛盾现象寻求崭新的创造性解决方案，或是渴望重

回疏远的爱人身边时心中不安的寻求，或是音乐家、雕塑家或编舞以声音、石头或人体描就艺术，情不自禁、汹涌澎湃地喊着“就是这样”！

实践洞察依赖于许多共同的价值观，例如对社群每个成员的平等尊重、责任平等，以及开放的思想、心灵和意志。洞察旨在避免“成见或偏见、僵化的思维模式或狭隘的阶层利益”。

集体洞察作为一种决策策略，改善了民主审议，因为寻找途径投入决策过程的人与政策制定者或立法者之间没有距离——两者实为一体。这就消除了当政策偏好必须从参与民主审议的人转达给有责任和权力去决定、执行政策选择的人时，由于沟通不良而产生误解和错误的可能性。它还消除了政治拉拢。集体洞察的另一个好处——尤其是在处理复杂问题时——是在时间上没有压力。众所周知，时间紧迫会导致政策制定者犯错。

尽管如此，将集体洞察作为一种决策战略，仍存在一些困难。首先，它似乎要求并假定决策者之间存在相当的同质性。我们可以想象，在一个由志同道合的人组成的社群里，人人皆怀着共同的信念，即通过沉默的等待来了解上帝的旨意，洞察作为一种决策方法是多么备受尊崇且卓有成效。但若要想象在一个拥有77亿人口，人们有着不同认知方式和不同的科学、文化、政治、宗教和伦理信仰的世界里，洞察也能很好地发挥作用，就不那么容易了。公民自治能否在如此大的规模上运行，尚且存疑。最后，虽然从某个角度来看，没有时间压力可以看作是一种好处，但它也可以被视为一种严重的限制，因为延误会对发展科学、临床研究和安全有效的干预措施产生负面影响。

• • •

**共识决策**是除了民主审议和集体洞察以外的另一种选择。多年来，我在伦理决策方面的临床伦理和卫生政策领域工作，皆强调专业知识和经验知识具同等价值、分担责任的重要性，以及互相尊重的参与和不失诚信的折中。开展工作时，我在很大程度上依赖于1983年“塞尼卡妇女为未来和平与正义和平营地”的参与者所制定的“建立共识战略”。和平营地的参与者是来自北美各地的女性，共同致力于通过非暴力不合作反对暴力和压迫：“我们对全球大屠杀的威胁说不，对军备竞赛说不，对死亡说不。我们支持一个尊重和重视人类、动物、植物和地球本身的世界。”

妇女们在塞尼卡陆军基地附近扎营，抗议向欧洲部署巡航导弹和潘兴Ⅱ核导弹，希望拥有相互协作的决策过程，并竭力达成共识：

> 共识并不意味着每个人都认为所作的决定必然是最好的，甚至不意味着他们确信它会奏效。共识意味着，作出这一决定时，没有人觉得自己在这件事情上的立场被误解了，或者没有得到适当的聆听。但愿每个人都会认为这是最好的决定。这种情况经常发生，因为当集体智慧起作用时，确实会得出更好的解决方案。

和平营地的参与者获得一本资源手册，其中包括共识的定义、如何形成共识提案、处理达成共识的困难，以及哪些角色有助于达成共识决策——调解人、气氛观察者、记录者，以及计时员。会上强调了在听取整个小组观点后拟订一项共识提案的价值，明确阐明意见分歧和寻找创造性替代方案的重要性。也有人就表达反对意见的合理方式提出建议，以使反对意见得到听取。但是，比实际建议更重要的是以下指导原则：

> 职责：参与者负责发表意见，参与讨论，并积极执行协议。
>
> 自律：只在出于原则性理由而反对的情况下，才能阻碍共识。应明确且直截了当地反对，不要贬低别人，也不要长篇大

> 论。参与寻找替代方案。
>
> 尊重:尊重他人,相信他人会有负责任的投入。
>
> 合作:寻找共识和共同点,在此基础上继续努力。避免竞争、对/错、赢/输的思维模式。
>
> 努力:用明确的方式表达分歧,不要贬低他人。利用分歧和争论来学习、成长和改变。努力在团队中建立统一,但不能以牺牲个人为代价。

就像集体洞察一样,这种共识也关乎团结一致而非意见一致。根据定义,它不会沦为多数人统治,也不会赋予有影响力的少数人一票否决权。所有参与决策过程的人都被要求负责行事、表现自律、尊重他人、重视合作,以及预见和尊重促进团结一致需付出的努力。因此,所有参与者都有责任以有原则、尊重和合作的方式发表意见,同时寻求共同点。当集体共识开始形成,倘参与者发现自己与正在形成的共识不一致,他们可以继续负责任地推进自己的利益和关切,希望说服其他人采取另一种立场,例如,以原则性理由阻止正在形成的共识,也可在之后支持修改后的主张。

共识决策的过程需要尊重和信任。这意味着在某些时候,与共识意见不一者会出于对他人和协商过程的尊重而妥协。意见不一者在明白有机会提出和捍卫自己观点的前提下,也许会以沉默表示不再支持自身主张。正如我在其他地方提出的:

> 建立共识的过程将折中视为(在民主制度中必要的)对程序公正的承诺,但需戒绝损害个人道德诚信、留下"被妥协"经历的折中。这是折中作为和解的过程和结果,与折中被视为背叛之间的区别。

在共识决策过程中,值得尊敬的参与者诚信正直、秉持信念(价值承诺),同时认真对待他人对自己信念的批评。他们准备捍卫立场,也能酌情修正主张。这是灵活应变的缩影——不会过于固执地捍卫自己的价值观,也不介意灵活地修正价值观。

与民主审议和集体洞察一样,共识决策上也存在规模问题。共识决策在相对小的群体,例如家庭、书友俱乐部、宗教团体、社会团体和专业组织里,可以起到相当好的作用,在这些团体中,成员身份有其价值,因此每个成员都有兴趣通过折中达成共识。这表明,要使共识决策在全球范围内发挥作用,我们当中需有足够多的人重视我们在国际社会中的成员资格,并认为我们对每一个人的福祉享有共同权益,负有共同责任。

• • •

摆在我们——我们所有人——面前的挑战在于,是否要继续进行可遗传人类基因组编辑。有人说"要",有人说"不要"。眼前的挑战是找到一种方法,让我们大家有意义地参与相关的辩论和讨论,以期达成某种广泛的社会共识。

"广泛的社会共识"一词在2015年12月被纳入国际峰会《关于人类基因编辑》的声明,进入人类基因组编辑词汇表。在此之前,人们使用的是"同意"而非"共识"。例如,1989年,加拿大日裔科学家、科学广播员铃木孝义(David Suzuki)与自然作家克努特森(Peter Knudtson)合作,撰写关于基因工程和伦理的文章。在《基因伦理学》(*Genethics*)一书中,他们写道:"尽管人类体细胞基因操纵可能属于个人选择,但对人类生殖细胞的修补并非如此。**未经社会所有成员同意**,生殖细胞治疗应被明确禁止。"25年后,"同意"一词仍在使用。2015年7月,兰德在《新英格兰医学杂志》(*New England Journal of Medicine*)上发表了一篇题为《勇敢的新基因组》的文章。在文章里,他表示"授权科学家对我们物种的DNA进行永久性的改变是一个需要**广泛的社会理解和同意**的决定"。

虽然自2015年以来，广泛的社会共识这一概念已获得相当程度的认同，但许多快科学爱好者希望事实并非如此。毕竟，再也没有什么比致力于广泛的社会共识更能减缓科学发展了。到目前为止，共有4种常规策略被用于减少这一想法的吸引力。第一种是忽视这个概念，希望它能消失。这一策略在一些倡导可遗传人类基因组编辑的报告和文章中表现得最为明显，它们在总结2015年峰会声明时故意没有提及"广泛的社会共识"。第二种策略是质疑广泛的社会共识的优点，支持广泛的社会辩论。这是英国纳菲尔德生命伦理委员会在其2018年报告《基因组编辑和人类生殖》中采取的策略。德国伦理委员会则在其2019年的《干预人类生殖系》报告里提及广泛的社会讨论。第三种策略是偷换概念。一个典型的例子是2018年12月美国国家科学院院长、美国国家医学院院长以及中国科学院院长于《科学》上的评论，该评论呼吁公众参与，以支持发展广泛的**科学**共识，而非广泛的**社会**共识。第四种也是最后一个策略，是直接攻击这个概念。其中一个戏剧性的例子，是指责鼓吹"广泛的社会共识"的人将这个想法"武器化"。其他可忽略的策略包括忽视关于建立共识的相关文献，就如何确定共识发出一连串轻蔑的反问，以及表示无论共识意味着什么，它都不可实现，因此无关紧要。

与此同时，最近两项独立制定的国际倡议，即"负责任的基因组编辑研究和创新联盟"(ARRIGE)和"全球基因组编辑观察站"，预示着公共教育、公众参与和公众赋权可能成为未来的规范。2018年3月，在巴黎举行的一次公开会议上，来自35个国家的160名与会者参加了由法国国家健康与医学研究院主办的会议，会议上，ARRIGE正式成立，其使命由该次会议背书，包括：

> 通过为各大洲的所有利益相关者，包括学者、研究人员、临床医生、公共机构、私营公司、患者组织、非政府组织、监管

机构、公民、媒体、政府机构和决策者提供全面的条件，以促进基因组编辑的全球治理。

为了实现使命，ARRIGE的目标是促进包容性的辩论，为基因组编辑技术的治理作出贡献，为用户、监督机构、管理机构和民间社群提供非正式的伦理指导，对公众在基因组编辑辩论中的作用进行健全的反思，并提高公众参与度。

相较之下，2017年4月在哈佛大学举行的小型国际邀请会议的成果——全球基因组编辑观察站则更专注于创新学问，以支持政治行动。它的目的是通过提出和回答一些至关重要、倘若我们忽略便后果堪虑的问题，对全球政策产生独立影响。例如"什么是(或不是)要付出代价的，什么风险值得(或不值得)立即关注，以及为了实现共同且相互接受的科技干预目标，需要有什么共同点"。

预计拟议中的全球基因组编辑观察站将在广泛的议题的基础上，有力地支持并促进建立共识。正如其支持者所设想的，全球观察站将成为一个国际性、跨学科思考的中心，在这里，科学、宗教、哲学、法律和文化的观点将在真正的世界性对话中找到有意义的表达。它将促进有效表达、相互交流，以及对各种观点的审议。这样一个全球观察站可以成为可靠的交换场所，民间社会团体、专业团体、生命伦理学智囊团、准政府组织，以及区域性和全球性的政府间机构(如欧洲委员会和世界卫生组织)可在此交换相关文献、立场声明和报告。它还可以跟踪一系列问题的全球对话。例如，它可以收集并分析人们"对自己和对社会的实际需求"的数据，或在不同文化中对残障和疾病的不同理解。此外，全球观察站可以定期召开会议。初次会议的一个可能议题是关于可遗传人类基因组编辑的伦理和治理的全球对话应该是怎样的，包括"谁可以坐在会议桌旁，哪些问题和关注被搁置一旁，以及有哪些不对称的权力正塑造辩论条件”。

• • •

随着基因组编辑婴儿在2018年11月意外诞生,我们正处在一个紧要关头。如今,我们比以往任何时候都更需要回答以下至关重要的问题:

> 面对生命编辑的前景,现有的科学机构和政治机构在多大程度上能够启动其所要求的审议形式?这些机构有资格提出正确的问题吗?科学专家、政策制定者、公众和学者在努力达成“广泛的社会共识”方面各自的权利、作用和责任是什么?在参与、审议和代表方面,需要怎样的崭新的模式与机制?

通过回答以上问题,我们可以更好地了解哪些决策策略、哪些方面,如民主审议、集体洞察和共识决策,将最有效地吸引公众,并顾及最广泛的利益和关切。

结语

# 黎明

世事多有起始、发展与结束,而可遗传人类基因组编辑方才兴起。穆勒在20世纪二三十年代首次提出操纵人类生殖系的主意,不到100年后,世界上首对CRISPR基因组编辑婴儿于2018年诞生,证明了他的想法。从另一个角度来看,末日将至,我们正处在人类灭绝前的黎明。这一观点认为,尽管地球上还会有许多代"现代人类"——智人,但我们的末日已在眼前。跟前是乌托邦式抑或反乌托邦式的未来,尚有待揭晓。

根据丹·布朗(Dan Brown)最新小说《本源》(*Orign*)里的主人基尔希(Edmond Kirsch)所言,(从2017年起的)50年后,"我们不再能够自认为是智人……我们回看今天的智人,就像我们现在看尼安德特人一样。控制论、合成智能、低温学、分子工程和虚拟现实等新技术将永远改变'人类'的涵义"。基尔希预言,未来一个名为**科技界**的崭新第七生命王国,将通过吸收(融合生物和技术)消灭"现代人类"。在这个新王国里,科技遵循达尔文(Charles Darwin)"适者生存"的法则,在人类内部生存,亦在人类内部死亡。这是一部天马行空的科幻小说,一个先知先觉的警告,还是灵感迸发的预言?

然而，(小说家、超人类主义* 者和科学家)对技术优生学的热情，并非末日将至的唯一原因。人类存活的另一威胁是，由贪婪和愚蠢造成的人口过剩、气候变化、空气污染和水污染、资源枯竭、基因工程病毒、恐怖主义，以及潜在的核战争，致使我们的自然栖息地惨遭破坏。

已故英国理论物理学家霍金(Stephen Hawking)在2010年接受美国电台主持人金(Larry King)采访时预言，人类的贪婪和愚蠢将导致全人类灭绝。此后，他多次重申这一预测，直到2017年，他在可能导致人类灭亡的负面特征列表上再添一员——好斗。霍金表示："恐怕贪婪和好斗已随着进化植入人类基因组。世上的冲突并未减少，军事化技术和大规模杀伤性武器的发展可能会使各种冲突一发不可收拾。"除却贪婪、愚蠢和好斗，霍金补充，所谓的科技进步才是更大的威胁，因为它创造了"新的麻烦事"。虽然从来没有充分理由认为人类可以通过自然选择免于进化和灭绝，但眼见人类迫不及待地冲向灭绝，我们中不少人深感震惊。

• • •

一个物种是一群生物体，例如一群动物、一群植物或一群单细胞生命体。一个物种中的生物个体具有不同性状，例如不同的解剖结构、不同的外貌和不同的行为。正如达尔文在1859年出版的《物种起源》(*On the Origin of Species*)一书中解释，物种内部的某些特征更适应特定的环境。随着时间推移，具有这些特征的个体更有可能存活和繁衍，从而将更适应环境的性状遗传给下一代。由此经过许多世代，越来越多(最终

---

* 超人类主义(transhumanism，英文缩写H+)，也称为超人文主义、超人主义，是一场国际性的科技文化运动。这场运动断定可以并值得运用理性(科技)来根本改进人类自身条件，特别是要开发和制造各种广泛可用的技术来消除残疾、疾病、痛苦、衰老和死亡等不利于人类生存与发展的消极问题，同时极大地提高人的智力、生理能力和心理能力。——译者

大多数)成员出生时具有相关的优势特征,物种得以进化。

类似因素也解释了物种如何灭绝。当某地环境发生变化,不具备适应新环境的性状的生物需要作出适应,否则便不大可能存活和繁衍,最终物种灭绝。达尔文借用斯宾塞(Herbert Spencer)在1864年提出的表达,将这种自然选择机制称为“适者生存”。

目前,人类繁荣和物种存活皆面临各种前所未有的威胁。在全球范围内,人口过剩加上人口不断增长,导致对食物、水、土地、能源和其他资源的需求增加。另一方面,由于(包括滥伐森林、过度捕捞和过度开采在内的)资源消耗以及对造成污染的技术的日益依赖,环境严重恶化。同时,海平面和温度上升、海水酸化、极地冰盖融化、天气模式变化等气候变化对我们的生存构成各种威胁。除此以外,权力失控、煽动下滋生的仇恨、贪婪、私欲和愤怒造成了形形色色的社会问题和政治问题,其中一些助长了恐怖主义,引发战争。

上述各种压力以及其他压力很可能超出了自然选择的范围,给人类造成莫大威胁。也就是说,我们很可能没有足够时间通过一代又一代的进化,适应这些具有威胁性的生物、环境和社会的变化。我们的选择有限。我们可以接受当前的状况,基于我们对人类进化的理解;接受我们在地球上的时间有限,且从进化的角度来看已时日无多。我们再没有时间经历物种起源(创造独特的新物种)或者物种形成(通过自然选择形成独特的新物种)。除非发生根本性的变化,否则人类很快便会灭绝。

或者,我们可以根据科学家的建议采取行动,进行必要的社会、政治、生态和环境改造,以避免即将来临的灭亡。例如,我们可以减少碳足迹,改变饮食,分享财富,改进社会和公共卫生计划,遏制土地使用,纠正环境退化,最大限度地公平分配资源,并利用包括人工智能在内的新技术来实现以上目标。尽管这似乎是一个明智的计划,却没有多少人愿意采取行动。这可能因为我们当中一些人并非真心相信所得到的科学建议,他们认为这些可怕的警告只是夸大其词。也可能因为我们当中一些人尽管相信科学建议,却不在乎预期危害,因为我们并非承担后果的一代。再也许,我们当中一些人既相信科学建议,也相信科学家会想出解决办法,便认为没有必要改变我们的生活方式了。不管出于什么原因,我们当中许多人似乎都想坚持现状,不顾未来如何。

在此背景下,人们想知道可遗传人类基因组编辑是否能成为一种"解决方案",也十分合理。如果我们进入科幻小说的领域,这个问题会变成:科学家是否可以通过基因改造人类来抑制我们对环境的负面影响,或使我们的物种适应环境变化,从而确保存活?

例如,想象一下通过基因改造令人类对红肉稍稍不耐受(减少红肉消费,从而减少畜牧业产生的温室气体排放),使人类体型变小(消耗更少资源,以减少生态足迹),降低人类的生育能力(降低出生率,减少资源需求),或者让人类变得更加利他、更有同理心(让他们更好地理解和体会他人经历的痛苦,从而更愿意合作,为所有人的利益寻求解决办案)。或者,制造"具有降解多氯联苯(PCBs)基因的抗污染'人类',具有有助于分解毒物的酶的基因的抗毒'人类',或者长有羽毛状鳃部,能同时在陆地和海底生存的'人类'"?还有一种可能是对人类进行基因改造,使其在现今人类无法居住的其他星球(或宇宙飞船)上生存。以上方案都是利用可遗传人类基因组编辑促进物种形成,也许与某种基因驱动相结合,以推动物种的基因修饰,直到每一名人类成员都被改造。

从一些人(许多人)的角度来看,科学如此复杂,而我们对基因与基因之间、基因与环境之间的相互作用知之甚少,以上提到的不过是天马行空的幻想。不过权且假设,我们可以暂且不顾各种复杂情况,也不管时间变迁,那将会怎样?我预计对某些人(其中肯定有超人类主义者和未来学家)而言,相较于灭绝,由人类意志驱动的进化不失为一个有吸引力的选择，而如果可遗传人类基因组编辑是达到这一目的有效手段，那就有足够理由进行这项研究。对其他人而言，毫无疑问，讨论使用可遗传人类基因组编辑避免即将来临的灭亡是不负责任的——我们应该改变我们的行为，而非我们的生物结构。

我暂且不就"为了物种存活而进行基因增强"这一具体问题表明立场，但我认为，稍稍考虑由人类意志驱动进化的可能性，可能会有所裨益。至少，它可以显著改变目前关于可遗传人类基因组编辑的伦理和治理的争论导向。首先，它可以让我们为了所有人的利益，批判性地审查支持和反对非健康相关的基因修饰的论点，而非为了少数人的利益仅仅关注支持和反对健康相关的基因修饰的论点。这样的讨论也许会使我们对可遗传人类基因组编辑能够解决的共同问题(倘有)有更细致的理解。

倘若我们要讨论基因组编辑技术在改善人类状况、促进共同利益和促进公平正义的关系方面的潜在优势，那么我们需要时间就哪些是我们的共同问题，以及可遗传人类基因组编辑会否有助于解决这些问题达成一致。然而相反的是，我们的注意力往往集中在个人目的与个人目标上。我们只看小事，不顾大局。我们并没有花时间(及采取行动)来确定并解决我们的共同需求，而是争论是否应该支持某些准父母的生育愿望，他们希望使用可遗传人类基因组编辑技术，生下具有特定性状的孩子，他们也拥有满足此"需要"的资源。

• • •

可遗传人类基因组编辑面临着重要挑战(以及潜在的重要机遇)。世界上首对CRISPR基因组编辑婴儿的诞生，令其中一些挑战尤为明显，强调伦理和治理方面的问题迫在眉睫，必须立即解决。正如我一贯主张的，不应仅有少数人对此负责。我们所有人，无论是专家还是非专家，都应对此负责。科学家、科学资助者、民间社会团体(包括非政府和非营利组织、社区团体、当地组织、慈善组织和信仰组织)、没有正式与任何利益集团结盟的有利害关系的公民、艺术家和生物黑客须齐聚一堂,共同开发和促进对未来的愿景。因此,我们须朝着广泛的社会共识前进。由此,我们所有人得以共同承担责任,指导基因组编辑科技的研究、开发和交付,(为实现共同利益、服务共同福祉)造福我们每一个人。

广泛的社会共识要求人类致力于共同利益,即我们所有人以及我们后代的共同利益。这要求我们接受慢科学,去做更好、更具反思性的科学,从而改善人类境况。这要求我们知情且参与,在决策圈里占据应有的地位,同时始终认清摆在我们面前的问题非常复杂,部分人经过理性思考后,不一定会同意我们的意见。这要求我们以负责、自律、尊重、合作、努力等建立共识原则,以包容和仁爱为指导,参与全球讨论。包容即让每一个人从一开始就进入决策圈。仁爱是对愿意折中以让团体达成共识的人表达善意和仁慈。

> 鸟不歌唱,因为它有答案,
> 它之所以歌唱,是因为它有一首歌。
>
> ——安格鲁德(Joan Walsh Anglund),
> 通常被误认为是安杰洛(Maya Angelou)的作品

本书呼吁我们采取行动,呼吁我们为我们的生物未来及社会未来承担集体责任。为回应这一呼吁,我们需要反思我们希望生活在一个怎样的世界,以及如何为建设这个世界作出贡献。我已经描述过我想要生活在怎样的世界里—— 一个促进公平正义、崇尚差异的世界,一个人人都有价值的世界,一个拥抱睦邻友好、互惠互利、社会团结和共享共有的世界,一个重视友好关系而非竞争关系的世界。在这个想象中的未来世界里,注重社会联结、相互依存的自我超越了个人主义、热衷竞争的自我,我们力求为我们每一个人建设一个更美好的世界,在此过程中茁壮成长。

如果这也是你想要生活其中的世界，那请你仔细考虑，可遗传人类基因组编辑是否能帮助我们建立这个世界，如果能的话，又将如何帮助我们建立。例如，倘若这项技术有助于减少不公，那我们就有责任确保它朝着能够促进公正公平的方向发展。但倘若它不能解决这个难题，那我们必须认真权衡继续投入时间、人力和财力去发展可遗传人类基因组编辑技术的机会成本，毕竟还可以将相同的资源更有效地应用于其他有价值的研究，以改善人类的状况以及我们生活的世界。

小说《本源》接近尾声时，坚定的无神论者基尔希谈到了彻底的变革，并提出"为未来祈祷"："愿我们的哲学与我们的技术同步。愿我们的同情心与我们的力量同步。愿爱，而非恐惧，成为改变的动力。"

与此同时，在现实世界里，随着某些科学家愈加大胆地设计人类后代，我们必须作出重要决定，为科学，为社会，为人类开辟一条崭新的道路。但愿这些决定海纳百川，协商一致。但愿它们充满智慧和仁爱。但愿我们永远不忘对"我们每一个人"负责。

# 词 汇 表

**重组DNA** 通过结合来自相同或不同生物的两个DNA分子而形成的人工DNA。

**等位基因** 基因的其中一种形式。人类每一个基因都有两个等位基因，一个遗传自亲生母亲，另一个遗传自亲生父亲。等位基因可以相同也可以不同。

**非同源末端连接** 一种高效的DNA修复机制，细胞通过连接DNA末端修复双链DNA断裂。它通常先插入或删除DNA碱基以破坏原DNA序列。利用这种DNA修复机制的基因编辑方法，可以用来“敲除”某个有致病突变的缺陷基因。

**核DNA** 包含在细胞核中的DNA。人类核DNA包含20 000—25 000个基因，这些基因共同构成了个人的“遗传蓝图”。

**基因** 染色体上的一段DNA，它编码决定各种性状(特性和能力，例如眼睛颜色、认知能力和疾病风险等)的蛋白质指令。基因是遗传信息通过亲本遗传给后代的手段。

**基因决定论** 用于描述遗传学如何对整个社会特别是医学产生影响的术语，尤其指愈加频繁地使用遗传学解释来描述个体与群体之间的差异。

**克隆** 一种用于创造生物实体(如基因、细胞、组织或整个生物个体)在遗传上完全相同的复制品的过程。

**临床试验** 一种涉及人类参与者的研究。在研究中，对生物医学或行为干预(例如药物、器械、饮食或治疗)的效果进行安全性(第一阶段)、功效性(第二阶段)和有效性(第三阶段)评估。通常将干预措施与安慰剂或其他对照组(例如标准护理)进行比较。

**卵质移植** 以前用于治疗不孕症的技术。受精之前,将来自供体卵的卵质及健康的线粒体DNA一起注入患者卵中。

**民主审议** 一种集体对话和决策的形式,强调公开、理性的对话,目的是通过扩大政策对话,包括尽可能多的观点,以改进决策。

**母体纺锤体移植** 一种将细胞核DNA从受赠母亲未受精的卵子中取出,并移植到去核供体卵中以供受精的技术。这项技术最初是为了预防母系遗传的线粒体疾病而开发,但后来更多地被运用于不孕症的"治疗"。

**嵌合体** 具有两个或两个以上生物体的DNA的新生物体。

**染色体** 细胞核中有组织的DNA包。人类有23对染色体,包括22对有编号的染色体(常染色体)和1对性染色体(X和Y)。亲生父母各自为每一对染色体贡献一条染色体,因此,后代的一半染色体来自亲生母亲,另一半来自亲生父亲。

**绒毛活检术** 产前基因检测的一种方法,包括对胎盘组织进行取样和检测,通常在妊娠10—12周进行。

**生物黑客** 不考虑公认的伦理标准和/或在传统研究机构以外实验性地利用遗传物质的活动。

**生殖系** 通过繁殖把遗传物质传给后代的细胞。生殖系包括配子体(分裂产生配子的细胞)和配子(卵子和精子)。

**生殖细胞** 生殖细胞存在于(女性的)卵巢和(男性的)睾丸中。卵巢中的生殖细胞产生卵子,睾丸中的生殖细胞产生精子。

**体外发育** 在子宫外人工条件下的胚胎发育。

**体外配子生成** 成熟细胞被改造,以在体外制造卵子和精子的过程。

**体外受精(IVF)** 一种医疗程序,卵子在女性体外被精子授精。

**体细胞** 体内并非生殖细胞的所有其他细胞。

**同源重组** 一种DNA修复机制,细胞使用DNA序列修复有害的双链断裂。该修复机制可用于精确的基因组编辑。

**突变** 遗传密码中一个或多个DNA碱基的变异,可能会破坏基因的功能。

**无生命胚胎** 由于生物学原因,不能发育成新生命的胚胎。

**显性** 倘一个基因只需要一个等位基因(拷贝)来表达某个性状,则性状为显性。

**线粒体DNA** 线粒体中包含的DNA。线粒体是负责细胞质中能量产生的细胞器,在人体中,线粒体DNA包含一条由37个基因组成的染色体。这些基因负责许多功能,包括产生化学能、储存钙、调节代谢、控制细胞死亡,以及细胞信号传导。 通常,线粒体DNA仅从亲生母亲处继承。

**镶嵌** 一个生物体中有两个或两个以上的细胞群从一个胚胎发育而成。通过基因组编辑,发育中的胚胎的一些(并非全部)细胞被成功修饰,从而产生一个既有未编辑细胞又有已编辑细胞的胚胎,便可能发生镶嵌。

**羊膜腔穿刺术** 一种产前基因检测方法,包括提取羊水进行筛查,通常在妊娠15—20周进行。

**隐性性状** 如果基因的两个等位基因(拷贝)必须相同才能表达某个性状,则该性状为隐性。

**优生学** 一系列旨在提高人类基因库质量的社会和生殖实践,基于健康、体貌美或社会重视的其他性状。

**原核移植** 一种从受赠母亲的受精卵中取出核DNA并转移到去核受精卵中的技术。该技术被用于“治疗”不孕症。

**植入前遗传学诊断** 在胚胎移植前对受精卵中的单个细胞进行检测,以选择具有或不具有特定性状的胚胎。

**Cas9** 一种被RNA引导的酶,在许多细菌的CRISPR基因座上都可编码此酶。通常被称为"分子剪刀",它在基因组编辑中执行DNA"切割"操作。

**CRISPR** 研究人员可以用来改变DNA的基因组编辑工具。

**DNA(脱氧核糖核酸)** 地球上所有物种的遗传分子。这种分子呈双螺旋状,编码遗传信息,可被细胞"转录"成RNA并"翻译"为蛋白质。

# 注 释

## 引言 思考

001 CRISPR播客:"Joe Rogan on CRISPR Changing DNA," YouTube, November 21, 2017, https://www.youtube.com/watch?v=_7ogw0fbn8A.

004 "为所有人使用":引自Leslie D'Monte, "Josiah Zayner: The Man Who Hacked His Own DNA," *LiveMint*, January 5, 2018, http://www.livemint.com/Leisure/FVPrvuBYMtyzHHNpdG2QgN/Josiah-Zayner-The-man-who-hacked-his-own-DNA.html.

004 "透明度和问责制":David H. Guston, "Forget Politicizing Science. Let's Democratize Science!" *Issues in Science and Technology* 21, no. 1 (2004), http://issues.org/21-1/p_guston-3/.

005 美国食品药品监督管理局警告:United States, Food and Drug Administration, "Information About Self-Administration of Gene Therapy," November 21, 2017, https://www.fda.gov/vaccines-blood-biologics/cellular-gene-therapy-products/information-about-self-administration-gene-therapy.

005 会因此严重受伤:Sarah Zhang, "A Biohacker Regrets Publicly Injecting Himself with CRISPR," *Atlantic*, February 20, 2018, https://www.theatlantic.com/science/archive/2018/02/biohacking-stunts-crispr/553511/.

005 加利福尼亚州消费者事务局调查:Antonio Regalado, "Celebrity Biohacker Josiah Zayner is Under Investigation for Practicing Medicine Without a License," *MIT Technology Review*, May 15, 2019, https://www.technologyreview.com/s/613540/celebrity-biohacker-josiah-zayner-is-under-investigation-for-practicing-medicine-without-a/.

006 "完美的幻想":Nathaniel Comfort, *The Science of Human Perfection* (New Haven, CT: Yale University Press, 2012), 246.

## 第一章 针对单个基因:亨廷顿病

008 《奥布莱恩一家》:Lisa Genova, *Inside the O'Briens* (New York: Gallery Books, 2015).

008 "算我一份":同上,96。

009 "我死都愿意":同上,230。

009 "我的两个孩子要长眠地底":同上,295。

009 乔的祈祷:同上,298。

010 简说:"CRISPR是我的梦想。":Ricki Lewis, "Juvenile Huntington's Disease:

The Cruel Mutation," *PLOS DNA Science Blog*, May 30, 2013, http://blogs.plos.org/dnascience/2013/05/30/juvenile-huntingtons-disease-the-cruel-mutation/; Ricki Lewis, "Can CRISPR Conquer Huntington's?" *PLOS DNA Science Blog*, June 29, 2017, http://blogs.plos.org/dnascience/2017/06/29/can-crispr-conquer-huntingtons/.

010 "任由编辑的红笔修改": Jennifer A. Doudna and Samuel H. Sternberg, *A Crack in Creation: Gene Editing and the Unthinkable Power to Control Evolution* (New York: Houghton Mifflin Harcourt, 2017), 90.

010 "修饰"和"工程": Stephen M. Weisberg, Daniel Badgio, and Anjan Chatterjee, "A CRISPR New World: Attitudes in the Public toward Innovations in Human Genetic Modification," *Frontiers in Public Health* 5, article 117 (May 27, 2017), https://doi.org/10.3389/fpubh.2017.00117.

010 引入外来DNA: Genetic Alliance and Progress Educational Trust, *Basic Understanding of Genome Editing: The Report* (London: Wellcome Trust, September 2017), https://pet.ultimatedb.net/res/org10/Reports/genomeediting_report.pdf.

011 每百万人中的病例数: World Health Organization Genomic Research Centre, "Genes and Human Disease," World Health Organization, 2018, http://www.who.int/genomics/public/geneticdiseases/en/index2.html#HD.

012 经基因修饰后患有亨廷顿病的小鼠: Su Yang, Renbao Chang, Huiming Yang, Ting Zhao, Yan Hong, Ha Eun Kong, Xiabo Sun, Zhaohui Qin, Peng Jin, Shihua Li, and Xiao-Jiang Li, "CRISPR/Cas9-Mediated Gene Editing Ameliorates Neurotoxicity in Mouse Model of Huntington's Disease," *Journal of Clinical Investigation* 127, no. 7 (2017): 2719—2724; David Nield, "CRISPR Could Point to a Cure for Huntington's Disease, Suggests New Study," *Science Alert*, June 22, 2017, https://www.sciencealert.com/crispr-could-point-to-a-cure-for-huntington-s-disease-suggests-new-study.

012 *HTT*基因的CAG重复序列: Magdalena Dabrowska, Wojciech Juzwa, Wlodzimierz J. Krzyzosiak, and Marta Olejniczak, "Precise Excision of the CAG Tract from the Huntingtin Gene by Cas9 Nickases," *Frontiers in Neuroscience* 12, article 75 (February 26, 2018), https://doi.org/10.3389/fnins.2018.00075.

013 具有亨廷顿病特征的转基因猪: Sen Yan, Zhuchi Tu, Zhaoming Liu, Nana Fan, Huiming Yang, Su Yang, Weili Yang, et al., "A Huntingtin Knockin Pig Model Recapitulates Features of Selective Neurodegeneration in Huntington's Disease," *Cell* 173, no. 4 (2018): 989—1002.

## 第二章 从编辑基因组到改变遗传

016—017 基因组编辑技术的各种应用: Tristan McCaughey, Paul Gerard Sanfilippo, George E. Gooden, David M. Budden, Li Yan Fan, Eva K Fenwick, Gwyneth Rees, et al., "A Global Social Media Survey of Attitudes to Human Genome Editing," *Cell Stem Cell* 18, no. 5 (2016): 569—572.

017 公众对体细胞基因组编辑的支持：Anita van Mil, Henrietta Hopkins, and Suzannah Kinsella, *Potential Uses for Genetic Technologies: Dialogue and Engagement Research Conducted on Behalf of the Royal Society*（London: Hopkins Van Mil, December 2017), 63, https://royalsociety.org/~/media/policy/projects/gene-tech/genetic-technologies-public-dialogue-hvm-full-report.pdf. 原文图示和文本中的数字表明："对于使用基因组编辑来治疗无生命威胁的疾病（例如关节炎），社会上态度是'非常支持'（very positive）的人占30%，态度是'在某种程度上支持'（to some extent positive）的人占42%。"即态度为"支持"的人总计应为72%，但行文中又表示总计为73%，这可能与两数相加后"四舍五入"有关。因此，我依然将总数计为73%。

017 用于治疗疾病：Dietram A. Scheufele, Michael A. Xenos, Emily L. Howell, Kathleen M. Rose, Dominique Brossard, and Bruce W. Hardy, "U.S. Attitudes on Human Genome Editing," *Science* 357, no. 6351（August 11, 2017): 553—554.

017 13 563名受访者：Jiang-Hui Wang, Rong Want, Jia Hui Lee, Tiara W. U. Lao, Xiao Hu, Yu-Meng Wang, Lei-Lei Tu, et al., "Public Attitudes toward Gene Therapy in China," *Molecular Therapy: Methods & Clinic Development* 6（September 2017): 40—42.

017 1013名荷兰参与者：Saskia Hendriks, Noor A. A. Giesbertz, Annelien L. Bredenoord, and Sjoerd Repping, "Reasons for Being in Favour of or against Genome Modification: A Survey of the Dutch General Public," *Human Reproduction Open* 2018, no. 3（May 16, 2018): 1—12, https://doi.org/10.1093/hropen/hoy008.

018 防止动脉粥样硬化进一步恶化：F. Ann Ran, Le Cong, Winston X. Yan, David A. Scott, Jonathan S. Gootenberg, Andrea J. Kriz, Bernd Zetsche, et al., "In Vivo Genome Editing Using Staphylococcus Aureus Cas9 Natura 520, no. 7546（2115): 186—191, https://www.ncbi.nlm.nih.gov/pubmed/25830891; and Alexandra Chadwick and Kiran Musunuru, "Treatment of Dyslipidemia Using CRISPR/Cas9 Genome Editing," *Current Atherosclerosis Reports* 19, no. 7（2017): 32, https://www.ncbi.nlm.nih.gov/pubmed/28550381.

019 比以往预期的更为严重：Michael Kosicki, Kärt Tomberg, and Allan Bradley, "Repair of Double-Strand Break Induce by CRISPR-Cas9 Leads to Large Deletions and Complex Rearrangements," *Nature Biotechnology* 36（2018): 765—771.

020 基因转移研究的危险：Antonio Regalado, "The Doctor Responsible for Gene Therapy's Greatest Setback Is Sounding a New Alarm," *MIT Technology Review*, January 31, 2018, https://www.technologyreview.com/s/610141/the-doctor-responsible-for-gene-therapys-greatest-setback-is-sounding-a-new-alarm.

020 *OTC*基因健康拷贝：Deborah Nelson and Rick Weiss, "Hasty Decisions in the Race to a Cure? Gene Therapy Study Proceeded Despite Safety, Ethics Concerns," *Washington Post*, November 21, 1999, A01, http://www.washingtonpost.com/wp-srv/WP-cap/1999-11/21/101r-112199-idx.html.

022 欧盟委员会:European Commission, "Register of Orphan Medicinal Products," http://ec.europa.eu/health/documents/community-register/html/o194.htm.

022 格利贝拉安全有效:Ursula Kassner, Tim Hollstein, Thomas Grenkowitz, Marion Wühle-Demuth, Bastian Salewsky, Ilja Demuth, and Elisabeth Steinhagen-Thiessen, "Gene Therapy in Lipoprotein Lipsae Deficiency: Case Report on the First Patent Treated with Alipogene Tiparvovec under Daily Practice Conditions," *Human Gene Therapy* 29, no. 4 (2018): 520—527.

022 每位患者1欧元:Kelly Crowe, "The Million-Dollar Drug," *CBC News*, November 17, 2018, https://new sinterractives.cbc.ca/longform/glybera.

022 Luxturna在美国获得批准:FDA News Release, "FDA Approves Novel Gene Therapy to Treat Patients with a Rare Form of Inherited Vision Loss," US Food & Drug Administration, December 19, 2017, https://www.fda.gov/NewsEvents/Newsroom/PressAnnouncements/ucm589467.htm.

022 "不交税": Antonio Regalado, "A Newly Approved Gene Therapy Is so Expensive, the Company behind It Can't Even Say What It Costs," *MIT Technology Review*, December 19, 2017, https://www.technologyreview.com/the-download/609818/a-newly-approved-gene-therapy-is-so-expensive-the-compnay-behind-it-cant-even/.

025 加拿大新生殖技术皇家委员会:Royal Commission on New Reproductive Technologies, *Proceed with Care: Final Report of the Royal Commission on New Reproductive Technologies* (Ottawa: Government of Canada, 1993), 939—940.

026 这项技术并非必要: Eric Lander, "Brave New Genome," *New England Journal of Medicine* 373, no. 1 (July 2, 2015): 5—8, 6, https://www.nejm.org/doi.full/10.1056/NEJMp1506446.

026 也有人持反对意见: George Church, "Compelling Reasons for Repairing Human Germlines," *New England Journal of Medicine* 377, no. 20 (November 16, 2017): 1909—1911; George Q. Daley, Robin Lovell-Badge, and Julie Steffann, "After the Storm—A Responsible Path for Genome Editing," *New England Journal of Medicine* 380, no. 10 (March 7, 2019): 897—899, https://www.nejm.org/doi/full/10.1056 /NEJMp1900504.

026 "治愈而非丢弃受累人类胚胎的道德义务":Julie Steffann, Pierre Jouannet, Jean-Paul Bonnefort, Hervé Chneiweiss, and Nelly Frydman, "Could Failure in Preimplantation Genetic Diagnosis Justify Editing the Huma Embryo Genome?" *Cell Stem Cell* 22 (2018): 481—482, 481.

027 国际人类基因组编辑峰会:Organizing Committee of the Second International Summit on Human Genome Editing, "On Human Genome Editing Ⅱ: International Summit Statement," National Academies of Sciences, Engineering, and Medicine, November 29, 2018, http://www8.nationalacademies.org/onpinews/newsitem.aspx?RecordID=11282018b.

027 将这种社会偏好医学化：Tina Rulli, “What Is the Value of Three-Parent IVF?” *Hastings Center Report* 46, no. 4 (2016): 38—47, https://doi.org/10.1002/hast.594; Françoise Baylis, “Human Nuclear Genome Transfer (So-Called Mitochondrial Replacement): Clearing the Underbrush,” *Bioethics* 31, no. 1 (2017): 7—19, https://doi.org/10.1111//bioe.12309.

027 “希望亲子相似”：Tina Rulli,“Preferring a Genetically-Related Child,” *Journal of Moral Philosophy* 13, no. 6 (2014): 669—698, 669, https://doi.org/10.1163/17455243-4681062.

027 “在遗传相关子女和领养子女之间作出相关区别”：同上，671—672。

## 第三章 设计婴儿

030 “设计师宠物、设计(师)婴儿”：Brenda Polan, “The Decade (the D-word): Defunct—Brenda Polan Decried the Designer Decade,” *Guardian*, December 16, 1989.

030 “润唇膏和特制肥皂”：J. Power, “Tempting Tucker for Modern Tiny Tots,” *Courier-Mail/Sunday Mail*, August 31, 1988, 7; V. Lee, “Style Update: Infant Interiors,” *Independent*, May 20, 1989, 34; Shawn Sell, Arlene Vigoda, and Craig Wilson, “Perfumes and Oils for the Well-Dressed Baby,” *USA Today*, August 1, 1989, 5D.

031 特定性别的孩子：重要的是，尽管筛查针对的是性染色体，也就是染色体性别(chromosomal sex)，但准父母作出性别(gender)选择的根据是，对通常情况下分配给生物学上的男性或女性的社会角色和行为的偏爱。这种偏好是基于这样的错误假设：性别(sex)与性别(gender)完全相关，并且两者都是二元概念。

032 “对生命的科学认知”：Philip Ball, “Seven Ways IVF Changed the World—From Louise Brown to Stem-cell Research,” *Observer*, July 8, 2018, https://www.theguardian.com/society/2018/jul/08ivf-in-vitro-fertilisation-louise-brown-born.

034 一个健康的男婴亚当：Yuri Verlinsky, Svetlana Rechitsky, William Schoolcraft, Charles Strom, and Anver Kuliev, “Preimplantation Diagnosis for Fanconi Anemia Combined with HLA Matching,” *JAMA* 285, no. 24 (2011): 3130—3133.

035 褐色、蓝色或绿色眼睛：Jeffrey Steinberg, “Choose Your Bably's Eye Color,” The Fertility Institutes: United States, Mexico, India, 2019, https://www.fertility-docs.com/programs-and-services/pgd-screening/choose-your-babys-eye-color.php.

035 “想法和品味”：Nathaniel Comfort, *The Science of Human Perfection* (New Haven, CT: Yale University Press, 2012), 244.

035 三亲婴儿：许多临床医师反对“三父母胚胎”“三父母婴儿”“三父母体外受精”等术语。有关此类名称的辩护，请参阅Françoise Baylis, “The Ethics of Creating Children with Three Genetic Parents,” *Reproductive BioMedicine Online* 26 (2013): 531—534, https://doi.org/10.1016/j.rbmo 2013.03.006.

036 卵质移植的报道：Jacques Cohen, Richard Scott, Tim Schimmel, Jacob Levron, and Steen Willadsen, “Birth of Infant after Transfer of Anucleate Donor Oocyte Cyto-

plasm into Recipient Eggs," *Lancet* 350, no. 9072 (1997): 186—187.

036 "正常健康儿童": Jason A. Barritt, Carol A. Brenner, Henry E. Malte and Jacques Cohen, "Mitochondria in Human Off-spring Derived from Ooplasmic Transplantation," *Human Reproduction* 16, no. 3 (2001): 513—516, 513.

036 2016年的随访研究: Serena Chen, Claudia Pascale, Maria Jackson, Mary Ann Szvetecz, and Jacques Cohen, "A Limited Survey-Based Uncontrolled Follow-up Study of Children Born after Ooplasmic Transplantation in a Single Centre," *Reproductive Biomedicine Online* 33, no. 6 (2016): 737—744, https://doi.org/10.1016/j.rbmo.2016.10.003.

038 2016年首次经过母体纺锤体移植的活胎生产: John Zhang, Hui Liu, Shiyu Luo, Zhuo Lu, Alejandro Chávez-Badiola, Zitao Liu, et al., "Live Birth Derived from Oocyte Spindle Transfer to Prevent Mitochondrial Disease," *Reproductive Biomedicine Online*, 34, no. 4 (2017): 361—368, http://dx.doi.org/10.1016/j.rbmo.2017.01.013.

038 前往乌克兰: Darwin Life, "IVF Nuclear Transfer," YouTube video (December 14, 2016), https://www.youtube.com/watch?time_continue=12&v=cjEr9zcxSrw

038 "世界各地的成功案例": Darwin in Life-Nadiya, http://dl-nadiya.com.

038 2019年4月,以治疗不孕症为目的的核移植技术: Press Statement, "Through Pioneering Clinical Research, Institute of Life IVF Center in Greece and Embryotools in Spain Achieve Global Innovation in Assisted Reproduction," April 9, 2019, https://www.prnewswire.com/news-releases/through-pioneering-clinical-research-institute-of-life-ivf-center-in-greece-and-embryotools-in-spain-achieve-global-innovation-in-assisted-reproduction-300828124.html.

038 章程生效: United Kingdom Government, *Human Fertilisation and Embryology (Mitochondrial Donation) Regulations* (National Archives, October 29, 2015 [in force]), https://www.legislation.gov.uk/ukdsi/2015/9780111125816/contents.

039 在美国属违法行为: Mary A. Malarkey to John Zhang (CEO, Darwin Life, Inc. and New Hope Fertility Center), August 4, 2017, https://www.fda.gov/downloads/BiologicsBloodVaccines/GuidanceComplianceRegulatoryInformation/ComlianceActivities/Enforcement/UntitledLetters/UCM570225.pdf?source=govdelivery&utm_medium=email&utm_source=govdelivery.

039 埃格利: Emily Mullin, "U.S. Researcher Says He's Ready to Start Four Pregnancies with 'Three-Parent' Embryos," *STAT News*, April 18, 2019, https://www.statnews.com/2019/04/18/new-york-researcher-ready-to-start-pregnancies-with-three-parent-embryos/.

040 "更有效的手段": Mario R. Capecchi, "Human Germline Gene Therapy: How and Why," in *Engineering the Human Germline: An Exploration of the Science and Ethics of Altering the Gene We Pass to Our Children*, ed. Gregory Stock and John Campbell (Oxford, UK: Oxford University Press, 2000), 32.

040 “将此抵抗力传递给他们的孩子”：Ronald M. Green, *Babies by Design: The Ethics of Genetic Choice* (New Haven, CT: Yale University Press, 2007), 93.

040 藐视国际共识：Françoise Baylis, “Human Genome Editing: Our Future Belongs to All of Us” *Issues in Science and Technology*, 35 no. 3 (2019): 42—44, https://issues.org/our-future-belongs-to-all-of-us/.

040 中国科学家的联名声明：122 Scientists Issued a Joint Statement: Strongly Condemned “The First Immune AIDS Editor.” *First Financial*, November 26, 2018, https:/www.yicai.com/news/100067069.html.

041 “道德败坏”：Julian Savulescu, “Press Statement: Monstrous Gene Editing Experiment,” *Practical Ethics: Ethics in the News*, University of Oxford, November 26, 2018, http://blog.practicalethics.ox.ac.uk/2018/11/press-statement-monstrous-gene-editing-experiment/. 萨弗勒斯库对优生选择的主张，见Julian Savulescu, “Procreative Beneficence: Why We Should Select the Best Children,” *Bioethics* 15, nos. 5/6 (2001): 413—426.

042 双链DNA：如果目标DNA序列是GTCTTGGTCTTGGTCTTGGT，互补的RNA序列就是CAGAACCAGAACCAGAACCA。

044 血液中的细胞：F. Ann Ran, Le Cong, Winston X. Yan, David A. Scott, Jonathan S. Gootenbert, Andrea J. Kriz, et al., “In Vivo Genome Editing Using Staphylococcus Aureus Cas9,” *Nature* 520, no. 7546 (April 9, 2015): 186—191, https://www.nature.com/articles/nature14299; Alexandra Chadwick and Kiran Musunuru, “Treatment of Dyslipidemia Using CRISPR/Cas9 Genome Editing,” *Current Atherosclerosis Reports* 19, no.7 (2017): 32, https://www.ncbi.nlm.nih.gov/pubmed/28550381.

045 非疾病特征：Tristan McCaughey, Paul G. Sanfilippo, George E. C. Gooden, David M. Budden, Li Fan, Eva Fenwick, et al., “A Global Social Media Survey of Attitudes to Human Genome Editing,” *Cell Stem Cell* 18, no. 5 (2016): 569—572.

045 提高智力：Saskia Hendriks, Noor A. A. Giesbertz, Annelien L. Bredenoord, and Sjoerd Repping, “Reasons for Being in Favour of or against Genome Modification: A Survey of the Dutch General Public,” *Human Reproduction Open* 2018, no. 3 (May 16, 2018): 1—12, https://doi.org/10.1093/hropen/hoy008.

045 发现截然不同：STAT and Harvard T. H. Chan School of Public Health, “The Public and Genetic Editing, Testing, and Therapy,” January 2016, https://cdn1.sph.harvard.edu/wp-content/uploads/sites/94/2016/01/STAT-Harvard-Poll-Jan-2016-Genetic-Technology.pdf.

045 2018年皮尤研究中心的调查：Cary Funk and Meg Hefferon, “Public Views of Gene Editing for Babies Depend on How It Would Be Used,” Pew Research Center, July 2018, http://www.pewinternet.org/2018/07/26/public-views-of-gene-editing-for-babies-depend-on-how-it-would-be-used/.

046 “通过基因增强”：Rosemary Tong, “Traditional and Feminist Bioethical Per-

spective on Gene Transfer," in *The Ethics of Inheritable Genetic Modification*, ed. John E. J. Rasko, Gabrielle M. O'Sullivan, and Rachel A. Ankeny (Cambridge, UK: Cambridge University Press, 2006), 159—173.

046 2017年的中国在线调查:Jiang-Hui Wang, Rong Wang, Jia Hui Lee, Tiara W. U. Iao, Xiao Hu, Yu-Meng Wang, et al., "Public Attitudes toward Gene Therapy in China," *Molecular Therapy: Methods & Clinical Development* 6 (September 2017): 40—42.

## 第四章 从"好"到"更好"

048 菲尔普斯: Valerie Siebert, "Michael Phelps: The Man Who Was Built to be a Swimmer." *Telegraph*, April 24, 2014, https://www.telegraph.co.uk/sport/olympics/swimming/10768083/Michael-Phelps-The-man-who-was-built-to-be-a-swimmer.html.

048 "选择变得更好正体现了人性":Julian Savulescu, Bennett Foddy, and Megan L. Clayton, "Why We Should Allow Performance Enhancing Drugs in Sport," *British Journal of Sports Medicine* 38, no. 6 (2004): 667—670.

048 "使用正常细胞或转基因细胞":World Anti-Doping Agency, *The World Anti-Doping Code International Standard. Prohibited List 2019*, https://www.wada-ama.org/sites/default/files/wada_2019_english_prohibited_list.pdf.

049 "职业足球运动员": Juliet Macur, "Born to Run? Little Ones Get Test for Sports Gene," *New York Times*, November 29, 2008, https://www.nytimes.com/2008/11/30/sports/30genetics.html.

049 "双重肌肉":Alexandra McPherron and Se-Jin Lee, "Double Muscling in Cattle Due to Mutations in the Myostatin Gene," *Proceedings of the National Academy of Sciences* 94, no. 23 (November 1997): 12457—12461; Ravi Kambadur, Mridula Sharma, Timothy P. L. Smith, John J. Bass, "Mutations in Myostatin (GDF8) in Double-Muscled Belgian Blue and Piedmontese Cattle," *Genome Research* 7, no. 9 (1997): 910—916.

049 *MSTN*基因的一个正常拷贝:Dana S. Mosher, Pascale Quignon, Carlos D. Bustamte, Nathan B. Sutter, Cathryn S. Melersh, Heidi G. Parker, and Elaine A. Ostrande, "A Mutation in the Myostatin Gene Increases Muscle Mass and Enhances Racing Performance," *PLoS Genetics* 3, no. 5 (2007): e79 [0779—0786], https://doi.org/10.1371/journal.pgen.0030079.

049 有些人天生肌肉过度发达: Markus Schuelke, Kathryn R. Wagner, Leslie E. Stolz, Christoph Hübner, Thomas Riebel, Wolfgang Kömen, Thomas Braun, James F. Tobin, and Se-Jin Lee, "Myostatin Mutation Associated with Gross Muscle Hypertrophy in a Child," *New England Journal of Medicine* 350, no. 26 (June 24, 2004): 2682—2688.

050 "强大的小鼠": Alexandra McPherron, Ann Lawlor, and Se-Jin Lee, "Regulation of Skeletal Muscle Mass in Mice by a New TGF-p Superfamily Member," *Nature* 487, no. 6628 (May 1, 1997): 83—90.

050 跑得更快、跳跃能力更出色的马：Sarah Knapton, “Genetically Engineered ‘Super-Horses’ to Be Born in 2019 and Could Soon Compete in Olympics,” *Telegraph*, December 26, 2017, https://www.telegraph.co.uk/science/2017/12/26/genetically-engineered-super-horses-born-2019-could-soon-compete/.

052 黑皮肤：Margaret O. Little, “Cosmetic Surgery, Suspect Norms, and the Ethics of Complicity,” in *Enhancing Human Traits: Ethical and Social Implications*, ed. Erik Parens (Washington, DC: Georgetown University Press, 2000), 163—176.

052 “不公正的态度和行为”：同上，166。

053 身体、智力和道德特征增强：LeRoy Walters and Julie Gage Palmer, *The Ethics of Human Gene Therapy* (New York: Oxford University Press, 1997).

055 “对严重疾病的防护”：John Harris, *Wonderwoman and Superman: The Ethics of Human Biotechnology* (New York: Oxford University Press, 1992), 175.

055 “不受约束的全球资本主义”：Lee M. Silver, “Reprogenetics: Third Millennium Speculation—The Consequences for Humanity When Reproductive Biology and Genetics Are Combined,” *EMBO Reports* 1, no. 15 (2000): 375—378, 378.

056 “社群消亡”：Teresa Blankmeyer Burke, “Gene Therapy: A Threat to the Deaf Community?” *Impact Ethics*, March 2, 2017, https://impactechics.ca/2017/03/02/gene-therapy-a-threat-to-the-deaf-community.

057 “哪些性状需要被纠正”：Françoise Baylis, “Gene Editing: Where Should We Draw the Line?” *Impact Ethics*, October 25, 2017, https://impactethics.ca/2017/10/25/gene-editing-where-should-we-draw-the-line.

058 “改善外观”：François Baylis, “Human Cloning Three Mistakes and an Alternative,” *Journal of Medicine and Philosophy* 27, no 3 (2002): 319—337, 330.

059 “被广泛接受”：同上，324。

060 “赖以生存的东西”：Mark S. Frankel, “Inheritable Genetic Modification and a Brave New World: Did Huxley Have It Wrong?” *Hastings Center Report* 33, no. 2 (2003): 31—36, 31—32.

060 “生物技术产业”：Daniel Kevles, “If You Could Design Your Baby's Genes, Would You?” December 9, 2015, https://www.politico.com/magazine/story/2015/12/crispr-gene-editing-213425.

061 “医疗操纵”：Celeste Condit, *The Meanings of the Gene: Public Debates about Heredity* (Madison: University of Wisconsin Press, 1999).

## 第五章 过渡时期的伦理

063 “基因继而影响了整个生物体”：Hermann J. Muller, “Variation Due to Change in the Individual Gene,” *American Naturalist* 56 (1922): 32—50, 32.

063 成为“遗传”：同上，33。

063 通常称为“突变”：同上，34。

064 《社会生物学与人口改善》:Francis A. E. Crew, C. D. Darlington, J. B. S. Haldane, C. Harland, L. T. Hogben, J. S. Huxley, H. J. Müller, et al., "Social Biology and Population Improvement," *Nature* 144, no. 3646 (September, 1939): 521—522.

064 "人类的潜在控制之下":同上,521。

064 "以当今定义而言的成功":同上。

066 "技术普及":Francis Fukuyama, *Our Posthuman Future: Consequences of the Biotechnology Revolution* (New York: Farrar, Strauss and Giroux, 2002), 83.

067 《重造伊甸园》: Lee Silver. *Remaking Eden: How Genetic Engineering and Cloning Will Transform the American Family* (New York: Avon Books, 1997).

068 "广告提供了一份性状清单":Gretchen Vogel, "From Science Fiction to Ethics Quandary," *Science* 277, no. 5333 (September 19, 1997): 1753—1754. 清单副本可见于https://geektyrant.com/news/13-fun-facts-about-gattaca.

068 5万来电:Joal Ryan, "Reading Isn't Believing in 'Gattaca' Ads," *ENews*, September 16, 1997, https://www.eonline.com/news/35186/reading-isn-t-believing-in-gattaca-ads.

070 "微积分对于狗的大脑来说太难了":Jonathan Glover, *What Sort of People Should There Be? Genetic Engineering, Brain Control and Their Impact on Our Future* (New York: Penguin Books, 1984), 180.

070 "利他能力有限":同上,181。

071 女性的角色常常被忽视:Donna Dickenson, "The Lady Vanishes: What's Missing from the Stem Cell Debate," *Journal of Bioethical Inquiry* 3, nos. 1/2 (2006): 43—54.

074 享有盛名的音乐家:Françoise Baylis, "Human Cloning: Three Mistakes and an Alternative," *Journal of Medicine and Philosophy* 27, no. 3 (2002): 319—337, 330—331.

074 "下一个哈特": Associated Press, "Rare Condition Gives Toddler Super Strength," *CTV News*, May 30, 2007, https://www.ctvnews.ca/rare-condition-gives-toddler-super-strength-1.243163.

## 第六章　危害与错误

079 "'嘿! 我想我能做得比这更好!'":Eric Lander, "In Wake of Genetic Revolution, Questions about Its Meaning," *New York Times*, September 12, 2000.

079 俄勒冈健康与科学大学研究同意书:"Evaluation of In Vitro Gene Correction Techniques in Germ Cells," in *Clinical Research Consent Summary: Oocyte Donation*, Oregon Health & Science University, IRB approved June 22, 2017; "Evaluation of In Vitro Gene Correction Techniques in Germ Cells," in *Clinical Research Consent Summary: Discard and/or Excess Materials from IVF*, Oregon Health & Science University, IRB approved February 17, 2017. 两份文件作者均持有。

080 肥厚型心肌病：Hong Ma, Nuria Marti-Gutierrez, Sang-Wook Park, Jun Wu, Yeonmi Lee, Keiichiro Suzuki, Amy Koski, [...] and Shoukhrat Mitalipov, "Correction of a Pathogenic Gene Mutation in Human Embryos," *Nature* 548, no. 7668 (August 24, 2017): 413—419, https://doi.org/10.1038/nature23305.

080 这些发现在生物学上并不可信：Ewen Callaway, "Doubts Raised about CRISPR Gene editing Study in Human Embryos," *Nature News*, August 31, 2017, https://doi.org/10.1038/nature.2017.22547; and Dieter Egli, Michael V. Zuccaro, Michael Kosicki, George M. Church, Allan Bradley, and Maria Jasin, "Inter-Homologue Repair in Fertilized Human Eggs?" *Nature* 560, no. 7717 (August 9, 2018): E5—E7, https://doi.org/10.1038/s41586-018-0379-5.

082 凝血障碍和肾脏损害："Evaluation of In Vitro Gene Correction Techniques in Germ Cells," in *Clinical Research Consent Summary: Oocyte Donation.*

085 "无力获得"：Mark S. Frankel and Audrey R. Chapman, *Human Inheritable Genetic Modifications: Assessing Scientific, Ethical, Religious, and Policy Issues* (Washington, DC: American Association for the Advancement of Science, 2000), 53.

086 "群体在社会中完全边缘化或处于不利地位"：*Nuffield Council on Bioethics, Genome Editing and Human Reproduction: Social and Ethical Issues* (London: Nuffield Council on Bioethics, 2018), 87.

087 "普罗大众"：Thomas Jefferson to Roger Weightman, 1826, US Library of Congress, https://www.loc.gov/exhibits/jefferson/214.html.

087 某些认知障碍：Chris Kaposy, *Choosing Down Syndrome: Ethics and New Prenatal Testing Technologies* (Cambridge, MA: MIT Press, 2018).

088 聋人社群：Teresa Blankmeyer Burke, "Gene Therapy: A Threat to the Deaf Community," *Impact Ethics*, March 2, 2017, https://impactethics.ca/2017/03/02/gene-therapy-a-threat-to-the-deaf-community/.

088 使用CRISPR修饰*TMC1*基因：Xue Gao, Yong Tao, Veronica Lamas, Mingqian Huang, Wei-His Yeh, Bifeng Pan, [...] and David R. Liu, "Treatment of Autosomal Dominant Hearing Loss by *In Vivo* Delivery of Genome Editing Agent," *Nature* 553, no. 7687 (January 11, 2018): 217—221, https://10.1038/nature25164.

088 在动物模型中被证明安全有效：Heidi Ledford, "Gene Editing Staves off Deafness in Mice," *Nature* 552, no. 7685 (December 21, 2017): 300—301, https://doi.org/10.1038/d41586-017-08722-3.

088 中国的公共卫生举措：Antonio Regalado, "Years before CRISPR Babies, This Man Was the First to Edit Human Embryos," *MIT Technology Review*, December 11, 2018, https://www.technologyreview.com/s/612554/years-before-crispr-babies-this-man-was-the-first-to-edit-human-embryos/.

092 "在场观众倒吸一口凉气"："Editing the Genomes of Human Embryos: The 'He Affair' and Beyond—A Discussion with Hank Greely, William Hurlbut, and Matt

Porteus," Stanford Center for Law and the Biosciences, YouTube, January 17, 2019, https://www.youtube.com/watch?v=Db6SQgsp6Zo, at 14:02 minutes.

094 2537名成年人:Cary Funk and Meg Hefferon, "Public Views of Gene Editing for Babies Depend on How It Would Be Used," Pew Research Center, July 2018, http://www pewinternet.org/2018/07/26/public-views-of-gene-editing-for-baabies-depend-on-how-it-would-be-used/.

095 2016年皮尤研究中心调查:Cary Funk, Brian Kennedy, and Elizabeth Sciupac, "U.S. Public Wary of Biomedical Technologies to 'Enhance' Human Abilities," Pew Research Center, July 2016, http://www.pewinternet.org/wp-content/uploads/sites/9/2016/07/PS_2016.07.26_Human-Enhancement-Survey_FINAL.pdf.

096 无生命人类胚胎:Françoise Baylis, "Embryological Viability," *American Journal of Bioethics* 5, no. 6 (2005): 17—18.

096 国际人类基因组组织:Ethical, Legal, and Social Issues Committee, "Statement on the Principled Conduct of Genetic Research," Human Genome Organisation, May 1996, http://hrlibrary.umn.edu/instree/geneticsresearch.html.

096 联合国教科文组织:United Nations Educational, Scientific and Cultural Organization, *Universal Declaration on the Human Genome and Human Rights* (Paris: 29th Session of the General Conference, November 11, 1997), http://unesdoc.unesco.org/images/0010/001096/109687eb.pdf.

096 《奥维耶多公约》:Council of Europe, *Convention for the Protection of Human Rights and Dignity of the Human Being with Regard to the Application of Biology and Medicine: Convention on Human Rights and Biomedicine* (European Treaty Series, no. 164, Oviedo, r.IV.1997), https://www.coe.int/en/web/conventions/full-list/-/conventions/rms/090000168007cf98.

097 "上帝造物本就完美":Funk, Kennedy, and Sciupac, "U.S. Public Wary."

097 "这是在扰乱自然"和"还有什么不能做的呢?":同上。

098 《治疗之外》:President's Council on Bioethics, *Beyond Therapy: Biotechnology and the Pursuit of Happiness* (Washington, DC: President's Council on Bioethics, October 2003), 287, https://biotech.law.lsu.edu/research/pbc/reports/beyondtherapy/beyond_therapy_final_report_pcbe.pdf.

098 柯林斯:引自 Patrick Skerrett, "Experts Debate: Are We Playing with Fire When We Edit Human Genes?" *STAT News*, November 17, 2015, https://www.statnews.com/2015/11/17/gene-editing-embryo-crispr/.

098 "'改进'尝试": President's Council on Bioethics, *Beyond Therapy*, 287.

098 "基因与表型性状之间的关系是多对多的": Françoise Baylis and Jason Scott Robert, "The Inevitability of Genetic Enhancement Technologies," *Bioethics* 18, no. 1 (2004): 1—26, 8.

099 2018年皮尤研究中心调查:Funk and Hefferon, "Public Views of Gene Ed-

iting."

099 文特:引自 Katrine S. Bosley, Michael Botchan, Annelien L. Bredenoord, Dana Carroll, R. Alta Charo, Emmanuelle Charpentier, et al., "CRISPR Germline Engineering—The Community Speaks," *Nature Biotechnology* 33, no. 5 (2015): 478—486.

099 "充满竞争的世界": Baylis and Robert, "Inevitability of Genetic Enhancement Technologies," 19.

100 "我们应该抢先做到":同上,20。

100 "更好的物种": John Harris, *Enhancing Evolution: The Ethical Case for Makin Better People* ( Princeton, NJ: Princeton University Press, 2007), 4—5.

100 "汽车事故和工业事故": Barry Allen, "Disabling Knowledge," in *The Ethics of Postmodernisty: Current Trends in Continental Thought*, ed. Gary B. Madison and Marty Fairbairn (Evanston, IL: Northwestern University Press, 1999), 89—103, 90.

101 "不适合与人类做伴": Dan W. Brock, "Enhancements of Human Function: Some Distinctions for Policymakers," in *Enhancing Human Traits: Ethical and Social Implications*, ed. Erik Parens (Washington, DC: Georgetown University Press, 2000), 48—69, 59.

## 第七章 慢科学

102 《慢科学宣言》: "The Slow Science Manifesto," The Slow Science Academy, Berlin, 2010, http://slow-science.org/.

102 "思考重大问题": Rebecca J. Rosen "The Slow Science Manifesto: 'We Don't Twitter,'" *Atlantic*, July 29, 2011, https://www.theatlantic.com/technology/archive/2011/07/the-slow-science-manifesto-we-dont-twitter/242770/.

102 《另一种科学是可能的》: Isabelle Stengers, *Another Science Is Possible: A Manifesto for Slow Science*, trans. Stephen Muecke (Cambridge, UK: Polity Press, 2018).

103 "医疗卫生和未来繁荣": "Slow Science Manifesto."

103 穆克所写: Stephen Muecke, "How 'Slow Science' Can Improve the Way We Do and Interpret Research," *Conversation*, January 28, 2018, https://theconversation.com/how-slow-science-can-improve-the-way-we-do-and-interpret-research-90168.

103 20世纪80年代的慢食运动: Lisa Alleva, "Taking Time to Savour the Rewards of Slow Science," *Nature* 443, no. 7109 (September 21, 2006): 271, https://www.nature.com/articles/443271e.

104 "我们吃食物": Matty Byloos, "What Is Slow Food?," *Planet Matters and More*, January 31, 2012, http://planetmattersandmore.com/healthy-dieting/what-is-the-slow-food-movement/.

104 "'事实'的含义": Stengers, *Another Science Is Possible*, 97.

105 "人人能平等使用": Bartha Maria Knoppers, "Biobanking: International Norms," *Journal of Law, Medicine & Ethics* 33, no. 1 (Spring 2005): 7—14, 11.

107 黄军就：Puping Liang, Yanwen Xu, Xiya Zhang, Chenhui Ding, Rui Huang, Zhen Zhang. Jie Lv, [...] and Junjiu Huang, "CRISPR/Cas9-mediated Gene Editing in Human Tripronuclear Zygotes," *Protein & Cell* 6, no. 5 (2015): 363—372, https://link.springer.com/content/pdf/10.1007/s13238-015-0153-5.pdf.

108 "经过谨慎考虑和商讨"：Xiaoxue Zhang, "Urgency to Rein in the Gene-Editing Technology," *Protein & Cell* 6, no. 5 (2015): 313, https://link.springer.com/article/10.1007/s13238-015-0161-5.pdf.

108 *CCR5Δ32* 的研究：Xiangjin Kang, Wenyin He, Yuling Huang, Qian Yu, Yaoyong Chen, Xingcheng Gao, Xiaofang Sun, and Yong Fan, "Introducing Precise Genetic Modifications into Human 3PN Embryos by CRISPR/Cas-Mediated Genome Editing," *Journal of Assisted Reproduction & Genetics* 33, no. 5 (May 2016): 581—588, https://doi.org 10.1007/s10815-016-0710-8.

108 全球首对CRISPR婴儿：Antonio Regalado "EXCLUSIVE: Chinese Scientists Are Creating CRISPR Babies," *MIT Technology Review*, November 25, 2018, https://www.technologyreview.com/s/612458/exclusive-chinese-scientists-are-creating-crispr-babies/.

108 抵抗HIV感染：Marilynn Marchione, "Chinese Researcher Claims First Gene-edited Babies," *AP News*, November 26, 2018, https://apnews.com/4997bb7aa36c45449b488e19ac83e86d.

108 YouTube宣传视频："About Lulu and Nana: Twin Girls Born Healthy after Gene Surgery as Single-Cell Embryos," He Lab, YouTube, November 25, 2018, https://www.youtube.com/watch?v=th0vnOmFltc.

108 住院数周：Pam Belluck, "Gene-Edited Babies: What a Chinese Scientist Told an American Mentor," *The New York Times*, April 14, 2019, https://www.nytimes.com/2019/04/14/health/gene-editing-babies.html; Preetika Rana, "How a Chinese Scientist Broke the Rules to Create the First Gene-Edited Babies," *Wall Street Journal*, May 10, 2019 https://www.wsj.com/articles/how-a-chinese-scientist-broke-the-rules-to-create-the-first-gene-edited-babies-11557506697.

109 2015年国际人类基因编辑峰会组委会：12名成员中有10名是科学家。另两名非科学家成员，一是我，哲学家；二是奥索里奥(Pilar Ossorio)，一名律师。12名成员中，有9名是男子，女成员是奥索里奥、杜德纳和我本人。

109 "是不负责任的"：Organizing Committee for the International Summit on Human Gene Editing , "On Human Gene Editing: International Summit Statement," National Academies of Sciences, Engineering, and Medicine, December 3, 2015, http://www8.nationalacademies.org/onpinews/newsitem.aspx?RecordID=12032015a.

110 "确保观点的多样性"：同上。

110 在某些情况下"允许"：National Academies of Sciences, Engineering, and Medicine, *Human Genome Editing: Science, Ethics, and Governance* (Washington, DC:

National Academies Press, 2017), 134, https://doi.org/10.17226/24623.

111 具体标准:同上,134—135。

112 花招:Françoise Baylis, "Human Germline Genome Editing: An 'Impressive' Sleight of Hand?" *Impact Ethics*, February 17, 2017, https://impactethics.ca/2017/02/17/human-germline-genome-editing-an-impressive-sleight-of-hand/.

112 德国伦理委员会:German Ethics Council, *Germline Intervention on the Human Embryo: German Ethics Council Calls for Global Political Debate and International Regulation* (September 29, 2017), 3, https://www.ethikrat.org/fileadmin/Publikationen/Ad-hoc-Empfehlungen/englisch/recommendation-germline-intervention-in-the-human-embryo.pdf.

112 "首个通过基因组编辑进行基因修饰的人类":同上。

113 兰菲尔:引自 Jocelyn Kaiser, "U.S. Panel Gives Yellow Light to Human Embryo Editing," *Science*, February 14, 2017, https://www.sciencemag.org/news/2017/02/us-panel-gives-yellow-light-human-embryo-editing.

113 赫尔伯特:引自 Sharon Begley, "Leading Scientists, Backed by NIH, Call for a Global Moratorium on Creating 'CRISPR babies'," *STAT News*, March 13, 2019, https://www.statnews.com/2019/03/13/crispr-babies-germline-editing-moratorium/.

113 "符合所有标准":同上。

113 "引致疾病风险的等位基因":Nuffield Council on Bioethics, *Genome Editing and Human Reproduction: Social and Ethical Issues* (London: Nuffield Council on Bioethics, 2018), 96.

113 "绝对的道德禁令":同上,154,158。

114 把两份报告归为:Organizing Committee of the Second International Summit on Human Genome Editing, "On Human Genome Editing Ⅱ: International Summit Statement," National Academies of Sciences, Engineering, and Medicine, November 29, 2018, http://www8.nationalacademies.org/onpinews/newsitem.aspx?RecordID=11282018b; and Victor J. Dzau, Marcia McNutt, and Venki Ramakrishnan, "Academies' Action Plan for Germline Editing," *Nature* 567, no. 7747 (March 2019): 175, https://doi.org/10.1038/d41586-019-00813-7.

114 "它不但允许": Donna Dickenson and Marcy Darnovsky, "Did a Permissive Scientific Culture Encourage the 'CRISPR Babies' Experiment?" *Nature Biotechnology* 37 (2019): 355—357, https://doi.org/10.1038/s41587-019-0077-3.

114 "科学不能为一项技术推定目的地":J. Benjamin Hurlbut, "Human Genome Editing: Ask Whether, Not How," *Nature* 565, no. 7738 (January 2019): 135, https://doi.org/10.1038/d41586-018-07881-1.

115 "分子生物学的革命":John Harris, *Wonderwoman and Superman: The Ethics of Human Biotechnology* (New York: Oxford University Press, 1992), 5.

115 "没有HIV疫苗":Alex Lash, "'JK Told Me He Was Planning This': A CRIS-

PR Baby Q&A with Matt Porteus," *Exome*, December 4, 2018, https://xconomy.com/national/2018/12/04/jk-told-me-he-was-planning-this-a-crispr-baby-qa-with-matt-porteus/.

115 2018国际峰会：National Academies of Sciences, Engineering, and Medicine, *Second International Summit on Human Genome Editing: Continuing the Global Discussion: Proceedings of a Workshop—in Brief* (Washington, DC: National Academies Press, 2019), https://doi.org/10.17226/25343.

116 "该程序不负责任"：Organizing Committee of the Second International Summit on Human Genome Editing, *On Human Genome Editing II*.

116 沙罗：引自 Rob Stein, "Science Summit Denounces Gene-Edited Babies Claim but Rejects Moratorium," *NPR*, November 29, 2018, https://www.npr.org/section/health-shots/2018/11/29/671657301/international-scienc-summit-denounces-gene-edited-babies-but-rejects-moratorium.

116 原本可能会令贺建奎有所迟疑：Insoo Hyun and Catherine Osborn, "Query the Merits of Embryo Editing for Reproductive Research Now," *Nature Biotechnology* 35, no. 11 (2017): 1023—1025.

116 科学家如何"做好"：R. Alta Charo, "Rogues and Regulation of Germline Editing," *New England Journal of Medicine* 380, no. 10 (March 7, 2019): 976—980, https://doi.org/10.1056/NEJMms1817528; George Q. Daley, Robin Lovell-Badge, and Julie Steffann, "After the Storm—A Responsible Path for Genome Editing," *New England Journal of Medicine* 380, no. 1 (March 7, 2019): 897—899, https://doi.org/10.1056/NEJMp1900504; Victor J. Dzau, Marcia McNutt, and Chunli Bai, "Wake-up Call from Hong Kong," *Science* 362, no. 6420 (December 14, 2018): 1215, https://doi.org/10.1126/science. aaw3127.

117 翻译途径：Organizing Committee of the Second International Summit on Human Genome Editing, *On Human Genome Editing II*.

117 "撇开"：Hurlbut, "Human Genome Editing."

118 呼吁全球暂停：Eric Lander, Françoise Baylis, Feng Zhang, Emmanuelle Charpentier, Paul Berg, Catherine Bourgain, Bärbel Friedrich, et al., "Adopt a Moratorium on Heritable Genome Editing," *Nature* 567, no. 7747 (March 2019): 165—168, 165 and 167, https://doi.org/10.1038/d41586-019-00726-5.

118 "预留尽可能多的"：John Ziman, *Prometheus Bound: Science in a Dynamic Steady State* (New York: Cambridge University Press, 1994), 276.

## 第八章 科学家、科学政策与政治

122 认真讨论：Joseph Fletcher, *Morals and Medicine* (Princeton, NJ: Princeton University Press, 1954); Paul Ramsey, *Fabricated Man: The Ethics of Genetic Control* (New Haven, CT: Yale University Press, 1970); Leon Kass, "Making Babies—The New Biology and the 'Old' Morality," *Public Interest* 26 (1972): 18—56; Willard Gaylin,

"The Frankenstein Factor," *New England Journal of Medicine* 297, no. 12 (September 22, 1977): 665—666.

122 "就不会扮演上帝了":Ramsey, *Fabricated Man*, 138.

123 梅洛:引自 David Cyranoski,"Ethics of Embryo Editing Divides Scientists," *Nature News & Comment* 519, no. 7543 (March 18, 2015), https://www.nature.com/news/ethics-of-embryo-editing-divides-scientists-1.17131.

123 兰菲尔:同上。

123 第二篇评论:这是贺建奎进行研究的两个依据之一。

124 告诫: Edward Lanphier, Fyodor Urnov, Sarah Ehlrn Haecker, Michael Werner, and Joanna Smolenski, "Don't Edit the Human Germ Line," *Nature News & Comment* 519, no. 7544 (March 12, 2015): 410—411.

124 基因组生物学的新前景:David Baltimore, Paul Berg, Michael Botchan, Dana Carroll, R. Alta Charo, George Church, Jacob E. Corn, et al., "A Prudent Path Forward for Genomic Engineering an Germline Gene Modification," *Science* 348, no. 6230 (April 3, 2015): 36—38.

124 "使用这项技术":同上,37。

125 皮尔克:Roger A. Pielke Jr., *The Honest Broker: Making Sense of Science in Policy and Politics* (Cambridge, UK: Cambridge University Press, 2002).

127 "期待其带来的影响和相关性":Roger A. Pielke Jr., "Five Modes of Science Engagement," Roger Pielke Jr.'s Blog, January 19, 2015, http://rogerpielkejr.blogspot.ca/2015/01/five-modes-of-science-engagement.html.

127 "(科学意义和社会意义)":Jason Scott Robert and Françoise Baylis, "When It Comes Funding Research, Value Should Count," *Globe and Mail*, July 4, 2005, https://www.theglobeandmail.com/opinion/when-it-comes-to-funding-research-value-should-count/article737366/.

127 "是一种启示":John Polanyi, "We Undermine Science if We Over-manage Research," *Globe & Mail*, July 2005, A13.

127 "科学的进步":Michael Polanyi, "The Republic of Science: Its Potential and Economic Theory," *Minerva* 1, no. 1 (1962), 54—73, 62.

127 "无用的重大发现":John Polanyi, "We Undermine Science," A13.

128 "值得支持":Donna Strickland, "Reflections from a Nobel Winner: Scientists Need Time to Make Discoveries," *Conversation*, January 13, 2019, https://theconversation.com/reflections-from-a-nobel-winner-scientists-need-time-to-make-discoveries-109554.

128 "无用"的知识:Abraham Flexner, "The Usefulness of Useless Knowledge," *Harper's* (June-November 1939): 544—552, 552.

128 "我就是想知道":Michael Slezak, "Francisco Mojica, the Scientist Who Discovered CRISPR and DNA Editing," *ABC News*, June 14, 2018, https://www.abc.net.au/

news/2018-06-15/francisco-mojica-scientist-who-discovered-crispr-dna-editing/9864070.

128 科学具有双重目的：In this sense, they evoke the mission of the civil rights leader W. E. B. Du Bois. See Liam Kofi Bright, "Du Bois' Democratic Defence of the Value Free Ideal," *Synthese* 195（2018）: 2227—2245, 2231.

129 "《迪基-威克修正案》"：Francis S. Collins, "Statement on NIH Funding of Research Using Gene Editing Technologies in Human Embryos," National Institutes of Health, April 25, 2015, https://www.nih.gov/about-nih/who-we-are/nih-director/statements/statement-nih-funding-research-using-gene-editing-technologies-human-embryos.

130 "胚胎中使用CRISPR/Cas9"：同上。

130 "那我就支持"：Leslie D'Monte "Josiah Zayner: The Man Who Hacked His Own DNA," *LiveMint*, January 5, 2018, http://www.livemint.com/Leisure/FVPrvuBYMtyzHHNpdG2QgN/Josiah-Zayner-The-man-who-hacked-his-own-DNA.html.

131 将严重遗传病传给子女：George Q. Daley, Robin Lovell-Badge, and Julie Steffann, "After the Storm—A Responsible Path for Genome Editing" *New England Journal of Medicine* 380, no. 10（March 7, 2019）: 897—899, https://doi.org/10.1056/NEJMp1900504.

131 "不合逻辑的命题"：Paul Knoepfler, "CRISPR, Human Genetic Modification, and a Needed Course Correction," *The Niche: Knoepfler Lab Stem Cell Blog*, June 26, 2017, https://ipscell.com/2017/06/crispr-human-genetic-modification-a-needed-course-correction/.

131 "将不会被允许"：United Nations Educational, Scientific and Cultural Organization, *Universal Declaration on the Human Genome and Human Rights*（Paris: 29th Session of the General Conference, November 11, 1997）, article 1, http://unesdoc.unesco.org/images/0010/001096/109687eb.pdf.

132 "以此为目的建立一套共享的全球标准"：United Nations Education, Scientific and Cultural Organization, International Bioethics Committee（IBC）, *Report of the IBC on Updating Its Reflection on the Human Genome and Human Rights*, SHS/YES/IBC-22/15/2 REV.2（Paris: UNESCO, October 2, 2015）, http://unesdoc.unesco.org/images/0023/002332/233258E.pdf.

132 "任何后代的基因组"：Council of Europe, *Convention for the Protection of Human Rights and Dignity of the Human Being with Regard to the Application of Biology and Medicine: Convention on Human Rights and Biomedicine*, European Treaty Series, no. 164（Oviedo, r.IV.1997）, https://www.coe.int/en/web/conventions/full-list/-/conventions/rms/090000168007cf98.

132 "自由俱从属于共同利益"：Françoise Baylis, "Global Norms in Bioethics: Problems and Prospects," in *Global Bioethics: Issues of Conscience for the Twenty-First Century*, ed. Ronald M. Green, Aine Donovan, and Steven A. Jauss（Oxford, UK: Oxford University Press, 2008）, 323—339, 339.

133 “共同价值观”:François Baylis, “Of Courage, Honor, and Integrity,” in *The Ethics of Bioethics: Mapping the Moral Landscape*, ed. Lisa A. Eckenwiler and Felicia G. Cohn (Baltimore, MD: Johns Hopkins University Press, 2007), 193—204, 196.

133 呼吁全球暂停:Eric Lander, Françoise Baylis, Feng Zhang, Emmanuelle Charpentier, Paul Berg, Catherine Bourgain, Bärbel Friedrich, et al., “Adopt a Moratorium on Heritable Genome Editing,” *Nature* 567, no. 7747 (March 2019), 165—168, https://doi.org/10.1038/d41586-019-00726-5.

134 CRISPR技术应用于人类生殖:Françoise Baylis and Marcy Darnovsky, “Scientists Disagree about the Ethics and Governance of Human Germline Editing,” *Bioethics Forum*, January 17, 2019, https://www.thehastingscenter.org/scientists-disagree-ethics-governance-human-germline-genome-editing/. 此处及后继段落中的评论所引用的资料见 Lanphier et al., “Don't Edit the Germ Line”; Baltimore et al., “Prudent Path Forward”; Editorial, “How to Respond to CRISPR Babies,” *Nature* 564 (December 2018): 5; and Victor J. Dzau, Marcia McNutt, and Chunli Bai, “Wake-up Call from Hong Kong, ”*Science* 362, no. 6420 (December 14, 2018): 1215.

135 兰德:引自 Ian Sample, “Scientists Call for Global Moratorium on Gene Editing of Embryos.” *Guardian*, March 13, 2019, https://www.theguardian.com/science/2019/mar/13/scientists-call-for-global-moratorium-on-crispr-gene-editing.

136 没有遵守国际共识:Françoise Baylis, “Human Genome Editing: Our Future Be to All of Us,” *Issues in Science and Technology* 35, no. 3 (2019): 42—44.

136 计划中的国际委员会:Sharon Begley, “Leading Scientists, Backed by NIH, Call for a Global Moratorium on Creating ‘CRISPR Babies,’ ” *STAT News*, March 13, 2019, https://www.statnews.com/2019/03/13/crispr-babies-germline-editing-moratorium/.

136 曹文凯:Pam Belluck, “How to Stop Rogue Gene-editing of Human Embryos?” *New York Times*, January 23, 2019, https://www.nytimes.com/2019/01/23/health/gene-editing-babies-crispr.html.

137 “在科学界和医学界以外”:Victor Dzau, Maricia McNutt, and Venkatraman Ramakrishnan, Statement on Call for Moratorium on and International Governance Framework for Clinical Uses of Heritable Genome Editing,” March 13, 2019, http://www8.nationalacademies.org/onpinews/newsitem.aspx?RecordID=3132019c.

137 “被‘暂停’两字吓到了”:Françoise Baylis, “Why Avoid the ‘M-Word’ in Human Genome Editing? *Bioethics Forum*, April 3, 2019, https://www.thehastingscenter.org/why-avoid-the-m-word-in-human-genome-editing/.

137 “正需要这样”:LA=QuantumAI+Crispr3D=QAI&C3D=QuInCy, March 14, 2019, 11:01 p.m., tweet, https://twitter.com/1LEOOEL1.

137 戴利:Begley, “Leading Scientists.”

137 巴尔的摩的想法:同上。

137 巴尔的摩的采访:Tina Hesman Saey, “A Nobel Prize Winner Argues Banning

CRISPR Babies Won't Work," *ScienceNews*, April 2, 2019, https://www.sciencenews.org/article/nobel-prize-winner-david-baltimore-crispr-babies-ban.

138 "美国国立卫生研究院强烈同意": Francis Collins, "NIH Supports International Moratorium on Clinical Application of Germline Editing," March 13, 2019, https://www.nih.gov/about-nih/who-we-are/nih-director/statements/nih-supports-international-moratorium-clinical-application-germline-editing.

138 柯林斯: Sample, "Scientists Call for Global Moratorium."

138 柯林斯: Belluck, "How to Stop Rogue Gene-Editing of Human Embryos?"

138 柯林斯: Sample, "Scientists Call for Global Moratorium."

138 国际罕见病研究联盟: "IRDiRC Supports the Call for a Moratorium On Hereditary Genome Editing," March 17, 2019, http://www.irdirc.org/irdirc-supports-the-call-for-a-moratorium-on-hereditary-genome-editing/; European Society of Human Reproduction and Embryology, "Moratorium on Gene Editing in Human Embryos," March 22, 2019, https://www.eshre.eu/Press-Room/ESHRE-News; European Society of Human Genetics, "Response to 'Adopt a Moratorium on Heritable Gene Editing,'" March 27, 2019, https://wwww.eshg.org/index.php?id=910&tx_news_pi1%5Bnews%5D=16&tx_news_pi1%5Bcontroller%5D=News&tx_news_pi1%5Baction%5D=detail&cHash=50d16c4b8e5abef5e2693e7864b7e2e5.

138 "道德问题得到充分解决": Letter to The Honorable Alex Azar Ⅱ (secretary of health and human services in the United States), April 24, 2019, https://www.asgct.org/global/documents/clinical-germline-gene-editing-letter.pdf.

138 "德国伦理委员会": German Ethics Council, *Intervening in the Human Germline: Opinion—Executive Summary & Recommendations* (May 9, 2019), 26, https://www.ethikrat.org/en/press-releases/2019/ethics-council-germline-interventions-currently-too-risky-but-not-ethically-out-of-the-question/.

## 第九章 伦理学家、科学政策与政治

141 "与他们新石器时代的祖先相差无几": 这次演讲的文字于《文汇》(*Encounter*)杂志上分两期发表,之后合成一本小书出版。见 Charles Percy Snow, *The Two Cultures* (Cambridge, UK Cambridge University Press, 1998), 14—15. 引自 Editorial, "Across the Great Divide," *Nature Physics* 5 (2009): 309.

141 "在政治上愚昧无知": 同上。

141 "毫无意义": Frank Raymond Leavis, *Two Cultures? The Significance of C. P. Snow*, with an essay on Sir Charles Snow's Rede lecture by Michael Yudkin (London: Chatto & Windus, 1962), 38.

141 "真实而紧迫": Martin Kemp, "Dissecting the Two Cultures," *Nature* 459, no. 7243 (May 2009): 32—33, 33.

141 “疑惑”: Lewis Thomas, “On Matters of Doubt,” in *Late Night Thoughts on Listening to Mahler's Ninth Symphony* (New York: Viking, 1983), 153—160, 157.

141 “思想体系”:同上,158。

142 “我们这个时代受关注而重要的问题”: John Brockman, *The Third Culture: Beyond the Scientific Revolution* (London: Simon & Schuster, 1995), 20.

142 “备用器官”: Steven Pinker, “The Moral Imperative for Bioethics,” *Boston Globe*, August 1, 2015, https://www.bostonglobe.com/opinion/2015/07/31/the-moral-imperative-for-bioethics/JmEkoyzlTAu9oQV76JrK9N/story.html.

143 “空谈的道德哲学”: Editorial, “The Ethics Industry,” *Lancet* 350, no. 9082 (September 2, 1997): 897.

143 “批判地探索”: Jason Scott Robert, “Toward a Better Bioethics: Commentary on ‘Forbidding Science: Some Beginning Reflections,’” *Science and Engineering Ethics* 15, no. 3 (2009): 283—291, 286.

143 “寄生虫、骗子和叛徒”: Leigh Turner, “Anthropological and Sociological Critiques of Bioethics,” *Journal of Bioethical Inquiry* 6, no. 1 (2009): 83—98, 88.

143 其论点的政策含义: Alberto Giubilini and Francesca Minerva, “After-Birth Abortion: Why Should the Baby Live?,” *Journal of Medical Ethics* 39, no. 5 (2013): 261—263; Alberto Giubilini and Francesca Minerva, “An Open Letter from Giubilini and Minerva,” *Blog: Journal of Medical Ethics*, March 2, 2012, https://blogs.bmj.com/medical-ethics/2012/03/02/an-open-letter-from-giubilini-and-minerva/.

144 解决伦理问题: Françoise Baylis, “Persons with Moral Expertise and Moral Experts. Wherein Lies the Difference?,” in *Clinical Ethics: Theory and Practice*, ed. Barry Hoffmaster, Benjamin Freedman, and Gwen Fraser (Clifton, NJ: Humana Press, 1989), 89—99, 95.

144 谦卑和正直: Françoise Baylis, “A Profile of the Health Care Ethics Consultant,” in *The Health Care Ethics Consultant*, ed. Françoise Baylis (Totowa, NJ: Humana Press, 1994), 36—40.

145 他人的工作: Baylis, “Persons with Moral Expertise and Moral Experts,” 97.

145 反对可遗传人类基因组编辑的滑坡论证: John Evan, “The Road to Enhancement, via Human Gene Editing, Is Paved with Good Intentions,” *Conversation*, November 27, 2018, http://theconversation.com/the-road-to-enhancement-via-human-gene-editing-is-paved-with-good-intentions-107677.

146 一种行为会导致另一种行为: Leon Kass, *Toward a More Natural Science: Biology and Human Affairs* (New York: Free Press, 1985), 117.

147 避开政治激进主义: Iris Marion Young, “Activist Challenges to Deliberative Democracy,” *Political Theory* 29, no. 5 (2001): 670—690.

147 先例和价值假设: Susan Sherwin and Françoise Baylis, “The Feminist Health Care Ethics Consultant as Architect and Advocate,” *Public Affair Quarterly* 17, 2

(2003): 141—158, 141.

147 定义和观点：K. Danner Clouser, "Medical Ethics: Some Uses, Abuses and Limitations," in *Bioethics: An Introduction to the History, Methods and Practice*, ed. Nancy S. Jecker, Albert R, Jonsen, and Robert A. Pearlman (Sudbury, MA: Jones & Bartlett, 1997), 93—100, 98.

148 "全新的东西"：Lee Silver, *Remaking Eden: How Genetic Engineering and Cloning Will Transform the American Family* (New York: Avon Books, 1997), 229. 须留意，基因组编辑包括了"删除"和"增加"。

148 "个体到群体"：Nathaniel Comfort, *The Science of Human Perfection* (New Haven, CT: Yale University Press, 2012), 243.

150 "不平等和冲突"：John Harris and Marcy Darnovsky, "Pro and Con: Should Gene Editing Be Performed on Human Embryos?," *National Geographic* (August 2016), https://www.nationalgeographic.com/magazine/2016/08/human - gene - editing - pro - con - opinions/.

150 "经济结构和其他结构"：Sherwin and Baylis, "Feminist Health Care Ethics Consultant."

151 柏林墙倒塌会议：Françoise Baylis, "Breaking the all between Gene Science and Ethics: How Philosophy can Provide Frameworks for a Global Biotech Revolution." https://www.falling-walls.com/videos/Françoise-Baylis-10662.

152 社会变革者和伦理构建师：Françoise Baylis, "Human Germline Genome Edtting and Broad Societal Consensus," *Nature Human Behaviour* 1, no. 0103 (May 8, 2017): 1—3; Françoise Baylis, "Broad Societal Consensus on Human Germline Editing," *Harvard Health Policy Review* 15, no. 2 (2016): 19—23.

153 处于经济地位上的人：Françoise Baylis, Nuala Kenny, and Susan Sherwin, "A Relational Account of Public Health Ethics," *Public Health Ethics* 1, no. 3 (2008): 196—209, 202.

153 不同处境的人：同上，202。

153 "与他人的关系和联结"：Susan Sherwin, "A Relational Approach to Autonomy in Health Care," in *The Politics of Women's Health: Exploring Agency and Autonomy*, ed. Susan Sherwin and the Canadian Feminist Health Care Research Networks (Philadelphia: Temple University Press, 1998), 19—47, 35.

154 "特定哲学活动"：Dan W. Brock. "Truth or Consequences: The Role of Philosophers in Policy-Making," *Ethics* 97, no. 4 (1987): 786—791, 786.

155 "公众审议过程"：Young, "Activist Challenges to Deliberative Democracy."

## 第十章 "我们所有人"为了"我们每一个人"

158 "明智地作出决定"：Marshall W. Nirenberg. "Will Society Be Prepared?," *Science* 157, no. 3789 (August 11, 1967): 633, http://science.sciencemag.org/content/

157/3789/633/tab-pdf.

158 “塑造自然以及我们自己?”:Venki Ramakrishnan, *Potential and Risks of Recent Developments in Biotechnology*(Boston: American Association for the Advancement of Science annual meeting, February 18, 2017), https://royalsociety.org/~/media/news/2017/venki-ramakrishnan-aaas-speech-gene-tech-18-02-17.pdf?la=en-GB.

159 对伦理问题和治理问题进行有益的辩论:James C. Peterson, ed., *Citizen Participation in Science Policy*(Amherst: University of Massachusetts Press, 1984).

161 “正义和平等”:Joseph Santaló and María Casado, coords., *Document on Bioethics and Gene Editing in Human*(Barcelona: Observatori de Bioètica at the University of Barcelona, 2016), 47, http://www.publicacions.ub.edu/refs/observatoriBioEticaDret/documents/08543.pdf.

161 “新技术管理和监督”:National Academies of Sciences, Engineering, and Medicine, *Human Genome Editing: Science, Ethics, and Governance*(Washington, DC: National Academies Press, 2017), 9, doi.org/10.17226/24623.

161 “严重疾病或残疾”:同上,13。

161—162 “允许使用生殖系修饰”:Netherlands Commission on Genetic Modification(COGEM) and the Health Council of the Netherlands, *Editing Human DNA: Moral and Social Implications of Germline Genetic Modification*(March 2017), 64, https://www.cogem.net/showdownload.cfm?objectId=70887ADF-994A-9B52-0E78FF87990B86-EA&objectType=mark.hive.contentobjects.download.pdf.

162 “国际监管”:German Ethics Council, *Germline Intervention on the Human Embryo: German Ethics Council Calls for Global Political Debate and International Regulation*(September 29, 2017), 3, https://www.ethikrat.org/fileadmin/Publikationen/Ad-hoc-Empfehlungen/englisch/recommendation-germline-intervention-in-the-human-embryo.pdf.

162 “广泛的社会辩论”:Nuffield Council on Bioethics, *Genome Editing and Human Reproduction: Social Ethical Issues*(London: Nuffield Council on Bioethics, 2018), 87—88.

162 “新西兰监管”:Royal Society Te Apārangi, “New Zealanders Encouraged to Consider Potential Uses of Gene Editing,” RoyalSociety.org.nz, December 19, 2017, https://royalsociety.org.nz/news/new-zealanders-encouraged-to-consider-potential-uses-of-gene-editing/.

163 《每一代人的生命伦理学》: Presidential Commission for the Study of Bioethics Issues, *Bioethics for Every Generation: Deliberation and Education in Health, Science and Technology*(Washington, DC: US Department of Health and Human Services, 2016), 5, https://bioethicsarchive.georgetown.edu/pcsbi/node/851.html.

164 英国的公开对话:Anita van Mil, Henrietta Hopkins, and Suzannah Kinsella, *Potential Uses for Genetic Technologies: Dialogue and Engagement Research Conducted*

*on Behalf of the Royal Society* (London: Hopkins Van Mil, 2017), https://royalsociety.org/~/media/policy/projects/gene-tech/genetic-technologies-public-dialogue-hvm-full-report.pdf.

165 “方法(倘被接受)”:同上,37。

165 其他实验室:Dieter Egli, Michael V. Zuccaro, Michael Kosicki, George M. Church, Allan Bradley, and Maria Jasin,“Inter-Homologue Repair in Fertilized Human Eggs?” *BioRxiv* (August 28, 2017), https://doi.org/10.1101/181255; Ewen Callaway, “Doubts Raised about CRISPR Gene-Editing Study in Human Embryos,” *Nature* (August 31, 2017), https://doi.org/10.1038/nature.2017.22547; Dieter Egli, Michael V. Zuccaro, Michael Kosicki, George M. Church, Allan Bradley, and Maria Jasin, “Inter-Homologue Repair in Fertilized Human Eggs?” *Nature* 560, no. 7717 (August 9, 2018): E5—E7, https://doi.org/10.1038/s41586-018-0379-5; and Fatwa Adikusuma, Sandra Piltz, Mark A. Corbett, Michelle Turvey, Shaun R. McColl, Karla J. Helbig, Michael R. Beard, James Hughes, Richard T. Pomerantz, and Paul Q. Thomas, “Large Deletions Induced by Cas9 Cleavage,” *Nature* 560, no. 7717 (August 9, 2018): E8—E9, https://doi.org/10.1038/s41586-018-0380-z.

166 配子和胚胎既非人类:关于区分未来人和潜能人的讨论,见 Tina Rulli, “What Is the Value of Three-Parent IVF?” *Hastings Center Report* 46, no. 4 (2016): 38—47, https://doi.org/10.1002/hast.594.

167 “别人一早为你作好”:Van Mil, Hopkins, and Kinsella, *Potential Uses for Genetic Technologies*, 65.

167—168 “生物多样性公约”:World Wide Views, “The World Wide Views Method,” 2019, http://wwviews.org/the-world-wide-views-method/.

169 “喊着‘就是这样!’”: Wendy Wright, “Passing Angels: The Art of Spiritual Discernment,” *Weavings* 10, no. 6 (November/December 1995).

169 “狭隘的阶层利益”:Joycelin Dawes, *Discernment and Inner Knowing: Making Decisions or the Best*, FeedAREad.com Publishing, 2017, 24, https://www.feedaread.com/books/Discernment-and-Inner-Knowing-9781786977793.aspx.8.

170 “尊重和重视”:*Women's Encampment for a Future of Peace and Justice Resource Handbook* (New York: Seneca Army Depot, 1983), 42.

170 “更好的解决方案”:同上。

170 指导原则:同上。

171 “折中被视为背叛”:Françoise Baylis, “Broad Societal Consensus on Human Germline Editing,” *Harvard Health Policy Review* 15, no. 2 (2016): 19—23, 22.

172 “被明确禁止”:David Suzuki and Peter Knudtson, *Genethics: The Ethics of Engineering Life* (Cambridge, MA: Harvard University Press, 1989), 335. 强调字体是作者加的。

172 “广泛的社会理解和同意”:Eric Lander, “Brave New Genome,” *New Eng-*

*land Journal of Medicine* 373, no. 1 (July 2, 2015): 5—8. 强调字体是作者加的。

173　希望它能消失：George Q. Daley, Robin Lovell-Badge, and Julie Steffann, "After the Storm—A Responsible Path for Genome Editing," *New England Journal of Medicine* 380, no. 10 (March 7, 2019): 897—899, https://doi.org/10.1056/NEJMp1900504.

173　广泛的社会辩论：Nuffield Council on Bioethics, *Genome Editing and Human Reproduction: Social and Ethical Issues* (London: Nuffield Council on Bioethics, 2018), 135.

173　广泛的社会讨论：German Ethics Council, *Intervening in the Human Germline: Opinion—Executive Summary & Recommendations* (May 9, 2019), 18 https://www.ethikrat.org/en/press-releases/2019/ethics-council-germline-interventions-currently-too-risky-but-not-ethically-out-of-the-question/.

173　广泛的科学共识：Victor J. Dzau, Marcia McNutt and Chunli Bai, "Wake-up Call from Hong Kong," *Science* 362, no. 6420 (December 14, 2018): 1215, http://science.sciencemag.org/content/362/6420/1215.

173　直接攻击: R. Alta Charo, "Rogues and Regulation of Germline Editing," *New England Journal of Medicine* 380, no. 10 (March 7, 2019): 976—980, 977, https://doi.org/10.1056/NEJMms1817528.

173　负责任的基因组编辑研究和创新联盟(ARRIGE)：Lluis Montoliu, Jennifer Merchant, Françoise Hirsch, Marion Abecassis, Pierre Jouannet, Bernard Baertschi, Cyril Sarrauste de Menthière, and Hervé Chneiweiss, "ARRIGE Arrives: Toward the Responsible Use of Genome Editing," *CRISPR Journal* (April 2018): 128—130, https://doi.org/10.1089/crispr.2018.29012.mon.

173　"全球"：同上，129。

174　"科技干预"：J. Benjamin Hurlbut, Sheila Jasanoff, Krishanu Saha, Aziza Ahmed, Anthony Appiah, Elizabeth Bartholet, Françoise Baylis, et al., "Building Capacity for a Global Genome Editing Observatory: Conceptual Challenges," *Trends in Biotechnology* 36, no. 7 (2018): 639—641, 641.

174　广泛的议题：Sheila Jasanoff and J. Benjamin Hurlbut, "A Global Observatory for Gene Editing," *Nature* 555, no. 7697 (March 22, 2018): 435—437.

175　"辩论条件"：同上，437。

175　"代表方面，需要怎样的崭新的模式与机制？"：Hurlbut et al., "Building Capacity for a Global Genome Editing Observatory," 639.

## 结语　黎明

176　"'人类'的涵义"：Dan Brown, *Origin* (New York: Doubleday, 2017), 411.

177　全人类灭绝："Larry King's Exclusive Conversation with Stephen Hawking," *Larry King Now*, June 25, 2016, http://www.ora.tv/larrykingnow/2016/6/25/larry-kings-exclusive-conversation-with-stephen-hawking.

177 “使各种冲突一发不可收拾”:Pallab Ghosh, “Hawking Says Trump's Climate Stance Could Damage Earth,” *BBC News*, July 2, 2017, https://www.bbc.com/news/science-environment-40461726.

177 “新的麻烦事”:David Shukman, “Hawking: Humans at Risk of Lethal ‘Own Goal,’” *BBC News*, January 19, 2016, https://www.bbc.com/news/science-environment-35344664. 霍金的里思讲座于2016年1月26日和2月2日播出。

179 所有人的利益:S. Matthew Liao, Anders Sandberg, and Rebecca Roache, “Human Engineering and Climate Change,” *Ethics, Policy & Environment* 15, no. 2 (2012): 201—221. 廖(Liao)及其同事辨析了可用于进行这些更改的各种技术。随着CRISPR技术的出现,现在可以轻易地想象使用可遗传基因组编辑来进行基因修饰。

179 “在陆地和海底”:Françoise Baylis and Jason Scott Robert, “Radical Rupture: Exploring Biological Sequelae of Volitional Inheritable Genetic Modification, in *The Ethics of Inheritable Genetic Modification*, ed. John E. J. Rasko, Gabrielle M. O'Sullivan, and Rachel A. Ankeny (Cambridge, UK: Cambridge University Press, 2005), 131—148, 140.

182 “改变的动力”:Dan Brown, *Origin*, 413.

# 致　谢

首先，我要感谢我的终生伴侣迈克尔·博尔顿(Michael Bolton)，岁月无声，风雨兼程，他对我的事业一贯支持，转眼便是30多年，其中既有平凡而必不可少的帮助(他的烹饪和一杯接一杯的咖啡)，也有至关重要的协助(他对我们两个好孩子的爱护和耐心照料，特别是当孩子们还小，而我因工作到处出差时)。多年以来，他也一直是我的备用文稿编辑，这些年他不知道审查、评论过多少草稿，帮助我表达得更加清晰。除了外部评审，他是读过本书手稿的少数人之一。

我也要感谢四位外部评审，他们为原稿提供了友好而有益的反馈。我长期自我怀疑，而他们的评论令我备受鼓舞——他们似乎对这个项目以及我在关于可遗传人类基因组编辑的伦理和治理辩论中的贡献充满信心。待他们读到本书的最终版本，我希望他们能看到他们的评论和建议如何令本书更进一步。

本书是一个特别的挑战，不仅因为这是我的第一本书，也因为我在撰写本书时经历了两次令人心痛的死亡。我的母亲在长期罹患阿尔茨海默病后去世。自我上高中起，她便支持并挑战我的写作，她的死使我痛失至亲。在她去世之前，我一直忙于面对她的衰弱和死亡，写作是我的应对方式之一。《依然格洛丽亚——个人身份与痴呆》在她去世前不到一个月发表。凯尔(Tony Kyle)是我大学时代最亲密的朋友之一，我俩经常兴致勃勃地聊到凌晨。非常意外地，他在本书写作的最后几个月间去世。我们亲如家人，他在退休一年后便去世，令我痛彻心扉。

一路上，我得到了许多同事和朋友的鼓励，他们慷慨地为我花时间审阅一章书稿，甚至好几章书稿。我特别感谢达诺夫斯基、唐尼(Jocelyn Downie)、格莰、约翰逊(Judy Johnson)、约翰逊顿(Denise Johnston)、克拉恩(Timothy Krahn)、麦克莱恩(Christine MacLean)、马库斯·麦克劳德(Marcus McLeod)、梅内尔(Letitia Meynell)、米尔斯(Petter Mills)、尼斯克(Jeff Nisker)和舍温。他们来自各行各业，为我提供了富有见地的意见和建议。我曾在达尔豪西大学哲学系的每周座谈会上介绍了书稿中两章的内容。我感谢大家的反馈，无论是总体抑或具体的反馈，我都受益匪浅。

此外，我也要感激当我需要检阅某一段短文是否准确或需要找到相关资源时，回复我邮件的诸位。我感谢康福特、德莱尔(Graham Dellaire)、芬克(Cary Funk)、卡波西、洛弗尔-巴吉、梅恩沙因(Jane Maienschein)、马里尼亚尼(Paola Marignani)、马丁(Cynthia Martin)、聂精保(Jing-Bao Nie)、安东尼奥·雷加拉多、里思(Mike Reith)和罗伯特。事实上，第六章谈到的观点首次出现在我和罗伯特共同撰写的文章《基因增强技术的必然性》中，文章于2004年发表在《生命伦理学》(*Bioethics*)上。

撰写本书的早期，我与多位科学家进行了简短的会面，包括英国的洛弗尔-巴吉和尼亚坎，美国的丘奇、杜德纳、兰德和张锋，以及出席美国科学促进会2017年会议的沙彭蒂耶。其时，我计划与中国研究人员会面，但作出多番努力后，很遗憾地，会面并没有实现。

克拉恩和乔西(Connor Josey)为背景研究和手稿准备提供了宝贵而可靠的帮助，涅尔谢相(Sarah Nersesian)负责插图，阿萨特(Aziza Asat)和格莰整理了时间表。哈佛大学出版社的奥德(Janice Audet)提供了编辑支持，她不仅在2016年初向我提出了这个项目，还从头到尾耐心地指导我完成。此外，我要非常真诚地感谢我的文稿编辑朱莉·卡尔森(Julie Carlson)，她在时间紧迫的情况下奋力工作，使作品更简洁明晰。

幸得各位相助，我不胜感激。

**图书在版编目(CIP)数据**

改变遗传:CRISPR与人类基因组编辑的伦理/(加)弗朗索瓦丝·贝利斯著;陈如译.—上海:上海科技教育出版社,2021.7

(哲人石丛书.当代科学思潮系列)

书名原文:Altered Inheritance: CRISPR and the Ethics of Human Genome Editing

ISBN 978-7-5428-7510-5

Ⅰ.①改… Ⅱ.①弗… ②陈… Ⅲ.①人类基因-基因组-伦理学-研究 Ⅳ.①Q987②B82-057

中国版本图书馆CIP数据核字(2021)第074694号

**责任编辑** 伍慧玲
**装帧设计** 李梦雪

**GAIBIAN YICHUAN**
**改变遗传——CRISPR与人类基因组编辑的伦理**
[加]弗朗索瓦丝·贝利斯 著
陈 如 译

**出版发行** 上海科技教育出版社有限公司
(上海市柳州路218号 邮政编码200235)
**网 址** www.sste.com www.ewen.co
**经 销** 各地新华书店
**印 刷** 常熟华顺印刷有限公司
**开 本** 720×1000 1/16
**印 张** 14.75
**版 次** 2021年7月第1版
**印 次** 2021年7月第1次印刷
**书 号** ISBN 978-7-5428-7510-5/N·1121
**图 字** 09-2020-656号
**定 价** 50.00元

**Altered Inheritance:**
**CRISPR and the Ethics of Human Genome Editing**
by
Françoise Baylis

Published by arrangement with Harvard University Press
through Bardon-Chinese Media Agency